IMPRESSUM

HEEL Verlag GmbH
Gut Pottscheidt
53639 Königswinter
Telefon 02223 9230-0
Telefax 02223 9230-13
info@heel-verlag.de
www.heel-verlag.de

3. Auflage 2025

Verantwortlich für den Inhalt:
Roland Löwisch

Lektorat:
Jost Neßhöver, Jürgen Schlegelmilch

Lithographie, Satz und Gestaltung:
F5 Mediengestaltung Ralf Kolmsee, Bonn

Fotonachweis:
Daimler AG, Archiv HEEL Verlag, Jost Neßhöfer (S. 76), Archiv Autor (S. 6,7)

Titelfoto:
Daimler AG

Printed in Latvia

ISBN: 978-3-95843-940-5

ROLAND LÖWISCH

MERCEDES BENZ

STERNSTUNDEN DER AUTOGESCHICHTE

HEEL

INHALT

S LR 2158

VORWORT

Zum ersten Mal kam ich etwa 1963 wissentlich mit Mercedes-Blech in Berührung. Mein Vater hatte sich einen gebrauchten Ponton gekauft, er war – soweit ich mich erinnere, ich lebte da gerade vier Jahre – völlig aus dem Häuschen und stolzer als stolz. Meine Begeisterung allerdings hielt sich in Grenzen. Im Käfer meiner Mutter konnte ich mich immerhin während der Fahrt unter der Hutablage hinter der Rücksitzbanklehne über dem Motor verstauen, im Benz nicht. Das Schönste am Stuttgarter war sowieso die Hupe: Es gab einen Schalter, der je nach Stellung für eine tiefe oder eine hohe Schallfrequenz zuständig war. Mein Vater präferierte den Niederfrequenzton, ich den anderen. Und wann immer ich konnte, stellte ich heimlich auf Hochton. Er muss viel gehupt haben, denn andauernd stellte er es zurück.

Fuß fassen in Hamburg in den 1960er Jahren: Der Autor und sein Vater mit dessen automobilem Stolz – natürlich ein Ponton-Mercedes.

Dass Mercedes-Benz etwas Besonderes ist, wurde mir erst später bewusst. Mein Dad tauschte den Ponton bald gegen eine Heckflosse, und ab diesem Zeitpunkt blieb er sein Leben lang Mercedes treu – W 123, S-Klasse. Als Rentner die Ur-A-Klasse, klar, was sonst. Ich konnte es ihm nicht mal übelnehmen. Und – als Student hat man ja sonst nix anderes zu tun – ich griff nach VW, Citroën, Audi und BMW dann auch mal nach dem Stern: Es wurde ein grüner Strichachter mit der Blockade-Motorisierung 200 D, was 55 PS für rund 1,4 Tonnen Wagengewicht bedeutete.

Ich zelebrierte geradezu das Anlassen (mit Diesel-Vorglühen, bis die Finger abstarben), freute mich über jede Gehwegplatte, die ich im Winter zwecks Traktionserhöhung im riesigen Kofferraum versenkte und war nie böse, dass ich an der Hamburger Uni keinen Parkplatz für die Limousine fand und sich mein Studium deshalb etwas in die Länge zog. Das lag allerdings auch an einem Job als studentischer Taxifahrer, der jedes Wochenende im Mercedes W 123 die skurrilsten Kunden durch die Hansestadt Hamburg kutschierte. So bequem diese unverwüstliche Droschke auch war – sie schaffte es nicht, mich montags fit genug fürs Studium aufstehen zu lassen.

Ein Highlight, dass der Job als Motor-Redakteur zum Glück mit sich bringt: Sichtbar genossene Fahrt des Autors im Mercedes-Benz 300 SL Roadster.

Irgendwann musste der Strichachter dann weichen, hauptsächlich, weil der Zahn der Zeit und vor allem das Streusalz ihre Spuren hinterlassen hatten. Als Ersatz ergatterte ich den W 123 meines Vaters. Das Auto war diesmal dunkelgrün, ein 200er Benziner und ein ebenso treuer Gefährte für anstehende Reisen. Da stand noch der Stern halbwegs aufrecht auf der Motorhaube, und hatte irgendein notorischer Neider oder Sammler ihn mal wieder abgebrochen, war flugs ein neuer drauf. Das Einsetzen war schnell Routine, und es kann sein, dass ich für Ersatzsterne irgendwann mehr ausgegeben habe als für normale Reparaturen. Damals war ein Mercedes eben nur mit Stern ein Mercedes.

Noch als ich bereits bei *Auto Bild* als Redakteur arbeitete, besaß ich den Wagen, der dann für eine Service-Geschichte in weiß foliert wurde und bald darauf aus Altersgründen irgendwo nach Afrika verscherbelt wurde. Vielleicht fährt er da heute noch. Zuzutrauen ist das den alten automobilen Recken der 80er Jahre durchaus. Danach kam ich in den Genuss diverser Mercedes-Benz aufgrund meines Berufes als Motor-Redakteur. Und somit war auch mal eine Tour im 300 SL drin, im 190 SL und in den späteren Zweisitzern, in den Heckmotorwagen 130, 150 und 170 H wie im 170 V, ebenso in den Supercars McLaren-Mercedes SLR, im SLS, im Renn-AMG-SLS GT3 oder in brüllenden AMG-Limousinen. Und wenn man einmal einen Pagani fahren durfte, dieses Kunstwerk aus Italien mit V12-AMG-Motor im Heck, kann man schon mal etwas abheben. Und das nicht nur wörtlich.

Too much to list – wie übrigens auch bei der Liste aller Modelle, die Mercedes, Benz und Mercedes-Benz je gebaut haben. Deswegen musste ich mich auf die schönsten, interessantesten und wichtigsten Modelle beschränken. Übrigens: Besonders beim Thema Mercedes-Benz gibt es eine Vielzahl von sich widersprechenden Literatur- und Online-Quellen, wobei Werksangaben hier selbstverständlich stets Vorrang hatten.

Ich hoffe, Sie haben trotzdem Spaß an der Auswahl …
Roland Löwisch
Hamburg, im Herbst 2019

Daimler & Benz

Jeder für sich

(1885 – 1925)

PATENT
Motor-Wagen

DAIMLER & BENZ

Warum heißt der Konzern mit dem Stern als Logo eigentlich nicht Benz-Daimler, sondern Daimler-Benz? Benz gründet als erstes seine eigene Firma, mit einem Benz wird die erste lange Fahrt unternommen, ein Benz ist offiziell das erste Automobil der Welt, ein Benz ist das erste in größeren Stückzahlen gebaute Automobil. Nun gut, es wurde Daimler-Benz – irgendwer wird sich dabei schon etwas gedacht haben. Zumindest in ihrem Eifer, sich zum Ruhm und der Welt zur Mobilität zu verhelfen, sind Daimler und Benz absolut gleichwertig.

Carl Benz in hohem Alter: Ganz zeitgeistig hat er sich auch Carl genannt. Sein Interesse gilt zuerst dem Motorenbau.

Carl Benz wird am 25. November 1844 in Mühlburg (heute ein Ortsteil von Karlsruhe) als Sohn eines Lokomotivführers geboren. Ab 1864 studiert er Maschinenbau, 1871 gründen er und August Ritter die Firma „Carl Benz und August Ritter, Eisengießerei und mechanische Werkstätte". Ein Jahr später ist Benz Alleininhaber.

Anfänglich laufen die Geschäfte schlecht. Um eine neue Existenzgrundlage zu finden, beschäftigt sich Benz intensiv mit Motoren. Der Erste läuft 1879 erstmals zufriedenstellend. Dieser Motor ist ein Zweitakter, denn das Patent für den Viertaktmotor gehört seit 1877 bereits der Gasmotorenfabrik Deutz von August Otto. 1883 gründet Benz die „Benz & Cie., Rheinische Gasmotoren-Fabrik". Durch „Sponsoren" finanziell gesichert, beginnt er mit der Konstruktion eines ganzheitlich konzipierten Fahrzeugs, in das sein Benzinmotor integriert ist, der inzwischen auch mit vier Takten arbeitet.

Am 29. Januar 1886 meldet Benz sein „Fahrzeug mit Gasmotorenbetrieb" zum Patent an. Dieses Datum gilt als die Geburtsstunde des Automobils. Die Öffentlichkeit reagiert jedoch reserviert. Deswegen unternehmen Benz' Frau Bertha und die beiden Söhne Eugen und Richard eine bahnbrechende Überlandfahrt – die erste mit einem Auto. Die 100-Kilometer-Tour macht Bertha Benz, die ihren Mann stets nach Kräften unterstützt, unsterblich.

1897 erfindet Benz den Contra-Motor, die Urform des Boxers. Mitte 1898 stellt die Firma Benz & Cie. bereits ihr eintausendstes Auto her und ist damit weltgrößter Fahrzeugfabrikant. Der Benz Velo wird von 1894 bis 1901 das erste in Großserie gebaute Automobil der Welt.

1906 unterstützt Carl Benz seine Söhne bei der Gründung der Firma „Carl Benz Söhne" in Ladenburg, die Inhaber sind Carl Benz und sein Sohn Eugen. In den ersten 25 Jahren des 20. Jahrhunderts werden etwa 350 „Carl Benz Söhne"-Fahrzeuge hergestellt. Die Familie hat inzwischen ihren Wohnsitz nach Ladenburg verlegt.

Bertha Benz hat zeitlebens ohne zu jammern zu ihrem Mann gehalten – auch deshalb war er letztlich so erfolgreich.

Gottlieb Daimler beginnt seine Karriere als Büchsenmacher, wird über den Beruf des Fertigungsingenieurs einer der bedeutendsten Automobil-Pioniere.

1912 scheidet Benz als Gesellschafter aus dem Unternehmen aus und überlässt den Söhnen Eugen und Richard die Führung. 1923 stellt die Firma das letzte Fahrzeug her. Benz verfolgt den Aufschwung der Motorisierung und den endgültigen Durchbruch seiner Idee noch mit: Er stirbt am 4. April 1929 in seinem Haus in Ladenburg.

Gottlieb Daimler wird am 17. März 1834 in Schorndorf geboren. 14 Jahre später beginnt er eine Lehre als Büchsenmacher. 1852 schließt er diese mit seinem Gesellenstück ab, einer doppelläufigen Pistole. Nach diversen Arbeitsstationen wird er Ende 1863 Werkstätteninspektor in einer Maschinenfabrik in Reutlingen, wo er 1865 Wilhelm Maybach kennenlernt. Am 1. August 1872 wird der Fertigungsingenieur Gottlieb Daimler Vorstandsmitglied der von Nikolaus August Otto gegründeten Gasmotorenfabrik Deutz. Daimler plant Großes: Auf einer Panoramapostkarte markiert er sein Wohnhaus mit einem mehrzackigen Stern und schreibt dazu: „... dieser Stern wird einmal segensreich über meinem (Lebens)Werk aufgehen." Manche werten das als Geburtsstunde des Mercedes-Sterns.

Nach Querelen mit Otto verlässt Daimler das Unternehmen und baut sich eine eigene Versuchswerkstatt in seiner Villa an der Cannstatter Taubenheimstraße. Dort entwickelt er mit Maybach 1883 seinen ersten Versuchsmotor. Als erster Versuchsträger dient ein Motorrad mit hölzernem Rahmen und Stützrädern, das „Reitrad" oder der „Reitwagen". Daimler erhält am 3. April 1885 das Deutsche Reichspatent 34926 für seine Gas- respektive Petroleumkraftmaschine, die ausschließlich in Kraftfahrzeuge eingebaut werden soll. Wegen der stehenden Form des einzelnen Zylinders wird der Motor „Standuhr" genannt. Er leistet 1,1 PS bei 650 Umdrehungen pro Minute und wiegt mehr als 50 Kilogramm.

Am 10. November 1885 fährt Daimlers erste Motorkutsche erstmalig auf freier Strecke von Bad Cannstatt nach Esslingen. Am 9. Juni 1889 meldet Daimler den ersten Zweizylinder-V-Motor zum Patent an. Er leistet 1,5 PS bei 700 Umdrehungen pro Minute. Daimler baut ihn in den so genannten Stahlradwagen ein, den Maybach für Daimler als ersten vierrädrigen Wagen abseits der Kutsche entwickelt hat.

Am 28. November 1890 konstituiert sich die Daimler-Motoren-Gesellschaft (DMG). Nach immer wieder neuen Querelen mit seinen Geschäftspartnern stirbt Gottlieb Daimler am 6. März 1900.

Daimlers kongenialer Kompagnon Wilhelm Maybach, seit Ende 1895 Chefkonstrukteur der DMG, macht da noch lange weiter. Er wird am 9. Februar 1846 in Heilbronn als Sohn eines Schreinermeisters geboren, wo er zusammen mit fünf Geschwistern aufwächst. Im Alter von zehn Jahren wird er Vollwaise. Das Reutlinger Bruderhaus fördert seine technische Begabung – nach dem Kennenlernen bleibt Maybach Daimler bis zu dessen Tod in einer Art Hassliebe verbunden. Am 1. Januar 1873 steigt Maybach auf Daimlers Veranlassung in der Gasmotorenfabrik Deutz zum Chefkonstrukteur auf. In Daimlers Versuchswerkstatt will er den leichten, schnelllaufenden Verbrennungsmotor verwirklichen. Ihm genügt es aber nicht, lediglich Motoren für Kutschen zu bauen. Die Erfindung, die aus seinen Bemühungen resultiert, ist der Stahlradwagen. Mit diesem Fahrzeug führt Maybach auch das Zahnradgetriebe in den Automobilbau ein.
In der Folge erfindet Maybach den Spritzdüsenvergaser, den Röhrenkühler mit Ventilator, den Bienenwabenkühler und den ersten Vierzylinder-Automobilmotor. Seine wohl herausragendste Konstruktion schafft Maybach nach Daimlers Tod im Jahre 1900: Der erste „Mercedes" sorgt im März 1901 auf der „Woche von Nizza" für Aufsehen. Das Fahrzeug hebt sich deutlich von allen bisher in der Daimler-Motoren-Gesellschaft erdachten und erbauten Wagen ab und beendet das Kutschenzeitalter im Automobilbau.

Karl Maybach, schon mit zehn Jahren Vollwaise, entpuppt sich schnell als Konstruktionsgenie – und wird entdeckt von Gottlieb Daimler.

Aufgrund von Intrigen verlässt Maybach 1907 verbittert die DMG und gründet 1909 unter Beteiligung der Luftschiffbau Zeppelin GmbH die Luftfahrzeug-Motorenbau-GmbH – zunächst in Bissingen/Enz, ab 1912 dann in Friedrichshafen. Technischer Leiter wird Karl Maybach, und 1918 wird das Unternehmen in Maybach Motorenbau GmbH umbenannt. Ab 1922 werden dort auch Luxus-Automobile hergestellt. Das Meisterstück der Produktpalette ist der Maybach 12 Typ DS von 1929. Es handelt sich um das weltweit erste Automobil mit V12-Motor, das wie sein Nachfolger, der Typ „Zeppelin", als deutsches Pendant zum Rolls-Royce gesehen wird. Wilhelm Maybach stirbt am 29. Dezember 1929 in Bad Cannstatt.

Zurück zur Jahrhundertwende: 1901 startet der erste „Mercedes" bei einem Rennen, 1902 werden die Nachfolgemodelle unter dem Namen Mercedes-Simplex, ausgeliefert. Daran ist Emil Jellinek nicht unbeteiligt. Der umtriebige Geschäftsmann wird am 6. April 1853 in Leipzig geboren. Nach Arbeit in Böhmen, Frankreich, Marokko und Österreich zieht es ihn nach Nizza. Dort kauft er sich sein erstes Fahrzeug, ein De-Dion-Bouton-Tricycle. Kurz

darauf wird er auf die DMG aufmerksam. 1897 bestellt er seinen ersten Daimler, einen 6-PS-Riemenwagen mit Zweizylindermotor. Der ist ihm bald zu langsam, woraufhin er zwei „Phönix"-Wagen, die ersten Daimler Straßenfahrzeuge mit Vierzylindermotor, ordert. 1898 vertreibt er bereits die Daimler-Fahrzeuge in den höchsten Kreisen der Gesellschaft. Im Jahr 1899 liefert die DMG schon zehn Fahrzeuge an Jellinek.
Der Speed-Junkie Jellinek liebt Rennen – und meldet die Daimler-Wagen unter seinem Pseudonym, dem Vornamen seiner Tochter: „Mercédès". Durch die Erfolge wird der Name bald bekannt. Daraufhin treffen Jellinek und die DMG eine Vereinbarung über den Vertrieb von Wagen und Motoren. So bestellt Jellinek 36 Fahrzeuge zum Gesamtpreis von 550.000 Mark. Einzige Bedingung für den Kauf: Er lässt sich von der DMG sehr weitreichende Vertriebsrechte für alle Wagen ab 10 PS Leistung sichern. Nach wenigen Wochen gibt er erneut 36 Fahrzeuge mit 8-PS-Motor in Auftrag.

Mercédès Jellinek, eine der Töchter des Geschäftsmannes und Daimler-Fans Emil Jellinek, ist durch ihn Namensgeberin der Marke.

Dank Jellineks Bestellungen ist die Produktionskapazität des Cannstatter Daimler-Werks 1901 komplett ausgelastet. Am 23. Juni 1902 wird der Name „Mercedes" als Warenzeichen angemeldet und am 26. September gesetzlich geschützt. Emil Jellinek erhält im Juni 1903 die behördliche Erlaubnis, sich fortan „Jellinek-Mercedes" zu nennen. 1909 zieht sich Jellinek aus dem Automobilgeschäft zurück. Bis zu seinem Tod am 21. Januar 1918 bleibt er aber interessierter Beobachter des Automobilbaus.

Nach dem großen Brand im Cannstatter Werk der Daimler-Motoren-Gesellschaft 1903 zieht die Verwaltung der DMG von Bad Cannstatt am 26. Mai 1904 um in das neu gebaute Werk in Untertürkheim. Dort hat die Firma jetzt 185.000 Quadratmeter Platz. Am 1. April 1907 verlässt Chefkonstrukteur Wilhelm Maybach endgültig die DMG. Sein Nachfolger: Gottlieb Daimlers Sohn Paul. Hans Nibel wird 1908 Chefkonstrukteur bei Benz & Cie., Rheinische Gasmotorenfabrik AG. Am 24. Juni 1909 melden die Daimler-Söhne einen Drei- und einen Vierzack-Stern als Warenzeichen für die DMG an. Der Dreizack prangt noch heute auf jedem Mercedes.

Im Januar 1919 beginnt die Tradition der Kundenzeitschrift: Die erste Ausgabe der „Daimler-Zeitung" erscheint. Zum gleichen Zeitpunkt kommen die „Daimler Werkszeitung" und die „Daimler Werksnachrichten" zu den Arbeitern. Die DMG meldet den Dreizack-Stern im Ring im Jahr 1921 als Kühlerfigur an. Und ein gewisser Ferdinand Porsche wird im April 1923 Chefkonstrukteur und damit Technischer Vorstand. Ab dem 26. Oktober 1923 muss die DMG eigenes Geld herausgeben – es ist Inflationszeit. Mit Einführung der Rentenmark am 20. November ist dieses Kapitel beendet.

Am 1. Mai 1924 schließen sich die Firmen Benz & Cie. und DMG zu einer Interessengemeinschaft zusammen, und Ende Juni 1926 fusionieren beide Unternehmen zur Daimler-Benz AG.

Daimler Reitwagen

Technische Daten	
Bauart:	Zweirad mit Hilfsrädern
Baujahr:	1885
Motor:	Einzylinder
Hubraum:	264 ccm
Leistung:	0,5 PS
Getriebe:	Zweigang-Flachriemen
Antrieb:	Hinterrad
Gewicht:	90 Kilogramm
Vmax:	12 km/h

Der Reitwagen von Daimler und Maybach ist eigentlich nur ein möglichst einfacher Versuchsträger für den schnelllaufenden Verbrennungsmotor, den die beiden entwickelt haben. Er benötigt keine Differenziale und keine besondere Lenkung, er besteht nur aus einem Holzrahmen, einem Sattel und zwei kleinen Hilfsrädern als Ausleger.

Der Viertakt-Einzylinder mit 264 Kubik Hubraum leistet ein halbes PS bei 600 Umdrehungen pro Minute. Die Technik wird komplettiert durch eine Glührohrzündung, eine Luftkühlung und einen Zweigang-Flachriemenantrieb. Das Einzelstück wird beim Brand der Cannstadter Fabrik im Jahr 1903 zerstört.

Benz Patent-Motorwagen Modell 1

Technische Daten	
Bauart:	Offenes Zweisitzer-Dreirad
Baujahr:	1885 – 1886
Motor:	Einzylinder
Hubraum:	954 ccm
Leistung:	0,75 PS
Getriebe:	Los- und Festscheibe
Antrieb:	Hinterräder
Gewicht:	265 Kilogramm
Vmax:	12 – 16 km/h

Das erste „Automobil" von Carl Benz ist ein Dreirad. Der „Patent-Motorwagen" Modell 1 wiegt 265 Kilogramm. Mit seinen Drahtspeichenrädern, die mit Vollgummireifen bestückt sind, schafft das Vehikel zwölf Stundenkilometer, andere sprechen von 16 km/h. Das Fahrzeug wird durch Stahlrohre in Form gehalten, der Viertakt-Motor liegt vor der Hinterachse. Die Handbremse wirkt als Bandbremse auf die Hinterräder. Die Holzklotzbremse wird von der Hand bedient, sie wirkt auf nur ein Hinterrad.

Daimler Motorkutsche

Technische Daten	
Bauart:	viersitzige Motorkutsche
Baujahr:	1886
Motor:	Einzylinder
Hubraum:	462 ccm
Leistung:	1,1 PS
Getriebe:	Zweigang-Riemenscheiben
Antrieb:	Hinterräder
Gewicht:	290 Kilogramm
Vmax:	18 km/h

Im Frühjahr 1886 bestellt Daimler bei der Firma W. Wimpff & Sohn eine Kutsche, Typ „American". Gefertigt in Hamburg, wird der Wagen am 28. August geliefert und in der Nacht heimlich auf das Daimlersche Anwesen gebracht, angeblich als Geburtstagsgeschenk für seine Frau Emma. Der Motor, den man samt Drehschemellenkung unter Maybachs Anleitung in der Maschinenfabrik Esslingen einbaut, leistet 1,1 PS und ist nach dem Vorbild der „Standuhr" gebaut. Die Kraftübertragung erfolgt über Riemen. Mit diesem Daimler-Motorwagen entsteht das erste Vierrad-Automobil der Welt.

Benz Patent-Motorwagen Modell 3

Technische Daten	
Bauart:	Zweisitzer-Dreirad
Baujahr:	1886 – 1894
Motor:	Einzylinder
Hubraum:	1045 – 1990 ccm
Leistung:	1,5 – 3 PS
Getriebe:	Los- und zweistufige Festscheibe
Antrieb:	Hinterräder
Gewicht:	360 Kilogramm
Vmax:	20 km/h

Das dreirädrige Model 2 wird nur einmal gebaut, nie verkauft und später zum vierrädrigen Modell umgerüstet. Aber etwa 25 Stück des dritten Modells (Bild) baut Benz im Laufe der Zeit mit größer werdendem Motor. Er beginnt mit 1,5 PS, geht über 2,5 PS in einem 1660-Kubikzentimeter großen Motor und endet bei drei Pferdestärken. Zunächst liegt das Schwungrad, ab 1888 ist es stehend gelagert. Der Radstand wächst mit 1575 Millimetern um 125 Millimeter gegenüber dem Modell 1. Benz nutzt hier Holzspeichenräder, beim Modell 1 sind es noch Drahtspeichen. Der Zweisitzer mit Halbverdeck kostet 3000 Mark.

Daimler Stahlradwagen

Technische Daten	
Bauart:	zweisitzige Motorkutsche
Baujahr:	1889
Motor:	V2
Hubraum:	565 ccm
Leistung:	1,5 PS
Getriebe:	Viergang-Zahnradgetriebe
Antrieb:	Hinterräder
Gewicht:	300 Kilogramm
Vmax:	18 km/h

Mit dem Stahlradwagen geht Daimler konsequent den Weg zum modernen Automobil. Das vierrädrige Fahrzeug schafft dank 1,5 PS starkem V2-Motor beachtliche 18 Stundenkilometer. Die Kraftübertragung funktioniert mittels Zahnrädern statt mit Riemenantrieb, was ihn zum ersten Wagen mit Zahnrad-Viergang-Getriebe macht. Der Rahmen besteht aus Stahlrohren, in denen gleichzeitig das Kühlwasser schwappt. Gestoppt wird das Auto mit einer Handbremse, die nur auf das linke Hinterrad wirkt. Es werden nur zwei Exemplare gebaut.

Daimler Schroedter-Wagen

Technische Daten	
Bauart:	zweisitzige Motorkutsche
Baujahr:	1892 – 1895
Motor:	R2
Hubraum:	760 – 1060 ccm
Leistung:	1,8 – 2,1 PS
Getriebe:	Dreigang-Zahnradgetriebe
Antrieb:	Hinterräder
Gewicht:	550 – 600 Kilogramm
Vmax:	18 km/h

Der Schroedter-Wagen ist der erste Daimler, der „in Serie" gebaut wird – etwa ein Dutzend Exemplare entstehen. Die Kraft wird über eine Kette übertragen, ein Oberflächenvergaser sorgt für die Gemischaufbereitung. Daimler verwendet wiederum einen Stahlrohrrahmen, kann sich aber noch nicht für eine Fußbremse entscheiden. Immerhin wirkt die Handbremse als Vollgummi-Klotzbremse auf beide Hinterräder – üblich ist bislang nur ein gebremstes Rad. Mit 18 km/h Spitze ist das doppelt so schwere Auto so schnell wie der Stahlradwagen.

Benz Victoria

Carl Benz rutscht angeblich der altmodische Ruf „Victoria" heraus, als er sieht, dass seine neu erfundene Achschenkellenkung funktioniert. Das ist wohl eine Legende, aber eine schöne: Der Schöpfer nennt sein nächstes Werk jedenfalls „Victoria" (und nutzt damit wahrscheinlich eher den jungen Brauch, Autos nach Kutschenarten zu benennen). Das Einzylinderauto wird immerhin sechs Jahre lang gebaut. Im Laufe der Zeit gibt es neben der (!) Victoria auf gleicher technischer Basis die Modelle Vis-à-Vis, Phaeton, Landauer, Dos-à-Dos und ab 1896 auch das Coupé, das zum ersten Automobil mit geschlossener Karosserie wird.

Das Auto kostet als pure „Victoria" schon 3800 Mark, die anderen Varianten liegen im Grundpreis bei 4000 bis 5000 Mark, und auch Sonderwünsche sind gegen Mehrpreis möglich. Eine Petitesse nebenbei: Der Rennfahrer Otto Mueller schafft beim ersten Autorennen in den USA am 2. November 1895 die Distanz von 92 Meilen mit einer „Victoria" in der Zeit von acht Stunden und 44 Minuten.

Technische Daten	
Bauart:	Motorkutsche
Baujahr:	1893 – 1900
Motor:	Einzylinder
Hubraum:	1730 – 2915 ccm
Leistung:	3 – 6 PS
Getriebe:	Zweistufen-Flachriemengetriebe
Antrieb:	Hinterräder
Gewicht:	650 – 780 Kilogramm
Vmax:	18 – 30 km/h

Benz Motor-Velociped, Benz Comfortable

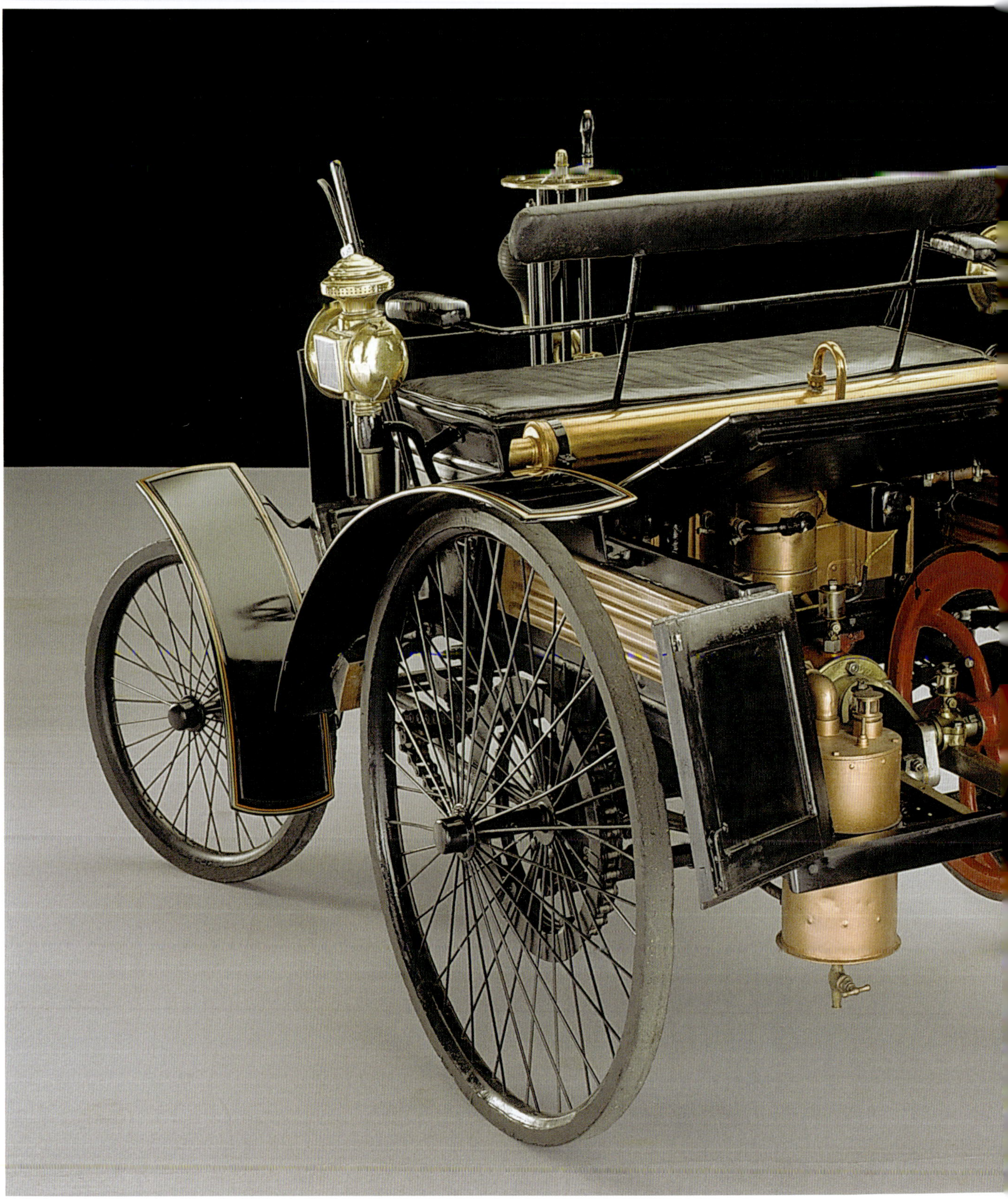

Das Benz Motor-Velociped, kurz „Velo", kommt im April 1894 auf den Markt. Es ist ein preisgünstiges, leichtes Automobil, das in unterschiedlichen Varianten in der Zeit von 1894 bis 1901 gefertigt wird. Das Velo kostet nur rund 2200 Goldmark. Damit gelingt Benz der Durchbruch zu höheren Absatzzahlen: Mit insgesamt rund 1200 Exemplaren bis 1901 wird das Velo das erste Auto, das in größeren Stückzahlen hergestellt wird. Angetrieben wird das Fahrzeug von einem liegenden Einzylindermotor, der gut einen Liter Hubraum aufweist. Der Zweisitzer besitzt kleine Räder vorne und große hinten. Den Benz Velo gibt es ab 1897 auch als „Comfortable", was eine bessere Ausstattung bedeutet und nochmal 300 Mark mehr kostet. Mit dem ab 1901 eingebauten 3,5-PS-Motor sind bis zu 30 km/h möglich.

Technische Daten	
Bauart:	zweisitzige Motorkutsche
Baujahr:	1894 – 1901
Motor:	Einzylinder
Hubraum:	1045 ccm
Leistung:	1,5 – 3,5 PS
Getriebe:	Zweistufen-Flachriemengetriebe
Antrieb:	Hinterräder
Gewicht:	280 – 425 Kilogramm
Vmax:	20 – 30 km/h

Daimler „Riemenwagen"

Technische Daten	
Bauart:	u. a. Kalesche, Landauer
Baujahr:	1895 – 1899
Motor:	R2
Hubraum:	750 – 2190 ccm
Leistung:	2 – 8 PS
Getriebe:	Viergang-Riemengetriebe
Antrieb:	Hinterräder
Gewicht:	715 – 1050 Kilogramm
Vmax:	18 – 40 km/h

Mit dem „Riemenwagen" wird Daimler endgültig zum Serienhersteller – etwa 150 Motorkutschen des Typs werden gefertigt. Das Chassis ist eine Konstruktion aus Holz und Eisen. Das Riemengetriebe besitzt sogar einen Rückwärtsgang. Gekuppelt wird durch Spannen und Lockern des jeweils eingeschalteten Antriebsriemens. Den Motor gibt es über die Zeit in mehreren Größen, „Top-Modelle" sind die sechssitzige Kalesche und der sechssitzige Landauer für je 7000 Mark. Am meisten verkauft Daimler die 4-PS-Variante mit 110 Exemplaren. Ein Riemenwagen war das erste motorisierte Taxi der Welt.

Daimler Phoenix

Technische Daten	
Bauart:	u. a. Dog-Car, Vis-à-vis, Landauer
Baujahr:	1898 – 1902
Motor:	R2, R4
Hubraum:	1060 – 1845 ccm
Leistung:	4 – 28 PS
Getriebe:	Viergang-Zahnradwechselgetriebe
Antrieb:	Hinterräder
Gewicht:	1000 – 1200 Kilogramm
Vmax:	bis 40 km/h

Der Phoenix ist das erste Daimler Automobil, das den Motor vorne trägt. Allerdings wird es ziemlich teuer mit einem Grundpreis von 9400 Mark für das kurze Fahrgestell – entweder als Dog-Car mit zwei Sitzen oder als Vis-à-Vis mit vier Sitzen. Top Modell ist der Landauer mit 13.100 Mark. Der Kunde hat zusätzlich die Wahl zwischen Vollgummi- oder Luftreifen. Der Daimler Phoenix wird oft und gerne als Droschke, also als Taxi, eingesetzt. Der Phoenix-Wagen ist mit Zwei- oder Vierzylindermotoren ausgerüstet. Die Leistung der Zweizylinder beträgt 4 oder 6 PS, das Spektrum der Vierzylinder reicht von 6 PS bis zu 28 PS.

Mercedes 35 PS, 8/11 PS, 12/16 PS

1901 erscheint mit dem Mercedes 35 PS ein Meilenstein der Automobilgeschichte. Er wird angetrieben von einem 5,9-Liter-Vierzylinder-Frontmotor mit 35 PS bei 1000 Umdrehungen pro Minute. Der Wagen ist 75 Stundenkilometer schnell. Dieser erste „Mercedes", entwickelt von Wilhelm Maybach, dem Chefkonstrukteur der DMG, macht zu Beginn des Jahrhunderts Furore. Mit dem niedrigen Schwerpunkt, einem Pressstahlrahmen, dem leichten und leistungsstarken Motor und dem Bienenwabenkühler gilt er zudem als erstes modernes Automobil, das das Zeitalter der motorisierten Kutsche im Automobilbau beendet. Bis August 1901 debütieren die Schwestermodelle 12/16 PS und 8/11 PS, die dem innovativen Konzept des Mercedes 35 PS folgen.

Technische Daten	
Bauart:	u. a. Phaeton
Baujahr:	1901 – 1902
Motor:	R4
Hubraum:	1760 – 5913 ccm
Leistung:	8 – 35 PS
Getriebe:	Viergang-Zahnradgetriebe
Antrieb:	Hinterräder
Gewicht:	bis 1200 Kilogramm
Vmax:	bis 75 km/h

Mercedes Simplex

Technische Daten	
Bauart:	u. a. Limousine, Phaeton, Doppel-Phaeton
Baujahr:	1902 – 1905
Motor:	R4
Hubraum:	3054 – 9235 ccm
Leistung:	10 – 65 PS
Getriebe:	Vierganggetriebe
Antrieb:	Hinterräder
Gewicht:	1050 – 1300 Kilogramm
Vmax:	60 – 95 km/h

Die überarbeiteten Nachfolger der ersten Mercedes Modellreihe erscheinen im Frühjahr 1902 unter dem Namen Mercedes-Simplex, der auf die einfache Bedienbarkeit hinweist. Das Modell 40 PS, das den Mercedes 35 PS ablöst, ist erneut im Motorsport erfolgreich. 1903 erscheint als neues Topmodell der Mercedes-Simplex 60 PS, aber auch der 18/28 PS, der 28/32 PS und der 40/45 PS sind sehr beliebt. Die Bezeichnung Mercedes-Simplex wird bis 1905 benutzt.

Benz Parsifal 8/10 PS, 10/12 PS, 12/14 PS, 16/20 PS, 8 PS, 12 PS, 22 PS, 35 PS

Technische Daten	
Bauart:	u. a. Phaeton, Coupé, Tonneau
Baujahr:	1902 – 1905
Motor:	R2, R4
Hubraum:	1527 – 5880 ccm
Leistung:	8 – 35 PS
Getriebe:	Drei- und Viergang-Handschalter
Antrieb:	Hinterräder
Gewicht:	800 – 1400 Kilogramm
Vmax:	35 – ca. 90 km/h

Der Parsifal räumt auf mit dem traditionellen Konzept bei Benz – nach dem spektakulären Erfolg der Mercedes-Modelle war der Absatz bei Benz eingebrochen. Die Parsifal werden mit Zwei- und Vierzylindermotoren ausgestattet, zwischen acht und 35 PS sind zu haben. Das drei- oder vierstufige Vorgelegegetriebe ist per Kardanwelle mit der Hinterachse verbunden, nur die Vierzylinder haben noch Kettenantrieb. Der Einstieg in die Parsifal-Welt gelingt schon mit 6500 Mark für einen Tonneau oder Phaeton mit acht bis 10 PS, Top-Modell ist der 35 PS für 22.000 Mark.

Mercedes 35 PS, 10/20 PS, 22/40 PS, 28/50 PS

Technische Daten	
Bauart:	u. a. Phaeton, Sport-Zweisitzer, Landaulet
Baujahr:	1908 – 1915
Motor:	R4
Hubraum:	2610 – 7240 ccm
Leistung:	25 – 60 PS
Getriebe:	Viergang-Handschalter
Antrieb:	Hinterräder
Gewicht:	1550 – 1950 Kilogramm
Vmax:	65 – 80 km/h

Im April 1908 erscheint mit dem Mercedes 35 PS „Cardan-Wagen" ein Pkw-Modell, das bei der DMG die Abkehr vom bis dahin genutzten Kettenantrieb einleitet. 1909 debütiert mit dem 10/20 PS ein weiteres Modell mit dem modernen Kardanantrieb. Kurze Zeit später folgen der 22/40 PS und der 28/50 PS. Bei den leistungsstärksten Mercedes-Pkw erfolgt der Antrieb jedoch weiterhin über Ketten auf die Hinterräder. Bei den ab 1909 gebräuchlichen PS-Angaben bezeichnet die erste Zahl die so genannten „Steuer-PS", eine hubraumabhängige Steuerklasse (1 Steuer-PS entspricht 262 ccm Hubraum), und die zweite Zahl die tatsächliche Motorleistung.

Mercedes 65 PS, 37/70 PS, 75 PS, 39/80 PS

Technische Daten	
Bauart:	diverse
Baujahr:	1906 – 1911
Motor:	R6
Hubraum:	9495 – 10.180 ccm
Leistung:	65 – 80 PS
Getriebe:	k.A.
Antrieb:	Hinterräder
Gewicht:	1950 Kilogramm
Vmax:	90 – 95 km/h

Ende 1906 debütieren die ersten Mercedes Serien-Pkw mit Sechszylindermotor. Die zunächst eingeführte stärkere Variante ist der Mercedes 75 PS (1909 in 39/80 PS umbenannt). Etwas später erscheint der Mercedes 65 PS, der 1909 in 37/70 PS umbenannt wird. Bis zur Premiere des 37/90 PS im Jahr 1911 sind die beiden Sechszylinder die Topmodelle des Mercedes-Typenprogramms. Die Zylinder sind paarweise angeordnet, die Ventile stehend. Sie werden über zwei seitliche Nockenwellen gesteuert.

Dernburg-Wagen

Technische Daten	
Bauart:	Tourenwagen
Baujahr:	1907
Motor:	R4
Hubraum:	6786 ccm
Leistung:	35 PS
Getriebe:	k.A.
Antrieb:	Allrad
Gewicht:	3600 Kilogramm
Vmax:	40 km/h

Die Daimler-Motoren-Gesellschaft konstruiert im Jahr 1907 das erste Auto mit Allradantrieb und Allradlenkung, den so genannten „Dernburg"-Wagen. Er ist nachträglich benannt nach dem Staatssekretär Bernhard Dernburg, der 1908 mit dem Wagen in Südwestafrika viele Kilometer zurücklegen wird. Das Fahrzeug besitzt eine sechssitzige Tourenwagen-Karosserie und ist im Daimler-Werk Berlin-Marienfelde auf einem modifizierten Lastwagen-Chassis entstanden. Es wiegt rund 3,6 Tonnen, ist 4,9 Meter lang und 2,7 Meter hoch. Der Vierzylindermotor liefert aus 6,8 Litern Hubraum 35 PS und schafft auf ebener Asphaltfläche 40 km/h. Über ein mittig eingebautes Getriebe und vier Kardanwellen werden alle vier Räder angetrieben.

Mercedes 8/18 PS, 8/20 PS, 8/22 PS, 10/25 PS, 12/32 PS

Technische Daten	
Bauart:	u. a. Landaulet, Phaeton, Sport-Zweisitzer
Baujahr:	1911 – 1917
Motor:	R4
Hubraum:	1846 – 3013 ccm
Leistung:	18 – 32 PS
Getriebe:	Viergang-Handschalter
Antrieb:	Hinterräder
Gewicht:	1300 – 1800 Kilogramm
Vmax:	55 – 60 km/h

1911 präsentiert die DMG den 8/18 PS als weiteres preiswertes Modell, das mit einem 1,9-Liter-Vierzylindermotor ausgerüstet ist. Die Zylinder sind wie bei den anderen Mercedes-Modellen paarweise gegossen, Einlass- und Auslassventile sind aber nun nebeneinander angeordnet. Mit dem 1914 eingeführten verbesserten Nachfolger 8/22 PS setzt die DMG schließlich auf den heute üblichen Blockmotor, wie er im gleichen Jahr auch im neuen Modell 12/32 PS zum Einsatz kommt. Wegen des Ersten Weltkriegs wird dieses Modell fast nur als Krankenwagen gebaut. Bis 1919 sollen rund 900 Exemplare entstanden sein.

Mercedes 37/90 PS, 38/100 PS

Technische Daten

Bauart:	diverse
Baujahr:	1911 – 1914
Motor:	R4
Hubraum:	9530 – 9850 ccm
Leistung:	90 – 100 PS
Getriebe:	Viergang-Handschalter
Antrieb:	Hinterräder
Gewicht:	1950 Kilogramm
Vmax:	115 km/h

Von 1911 bis 1914 bietet Mercedes als neues Topmodell den starken 37/90 PS an, der dank eines 9,5-Liter-Vierzylinders erst 90, dann 95 PS leistet. 1915 löst ihn für ein Jahr der 38/100 PS ab, dessen Motor auf 9850 Kubikzentimeter Hubraum vergrößert ist und der 100 PS bei 1300 Touren leistet. Der Motor glänzt mit Einzelzylindern samt aufgeschweißten Kühlwassermänteln sowie der ungewöhnlichen Dreiventiltechnik mit einem Einlass- und zwei Auslassventilen.

Mercedes-Knight 10/30 PS, 16/40 PS, 16/45 PS, 16/50 PS, 25/65 PS

Technische Daten

Bauart:	u. a. Phaeton
Baujahr:	1911 – 1924
Motor:	R4
Hubraum:	2610 – 6330 ccm
Leistung:	30 – 65 PS
Getriebe:	Viergang-Handschalter
Antrieb:	Hinterräder
Gewicht:	1700 – 2075 Kilogramm
Vmax:	70 km/h – 85 km/h

Als Paul Daimler Nachfolger von Wilhelm Maybach als Chef des Konstruktionsbüros der Daimler-Motoren-Gesellschaft wird, erwirbt er 1910 die Patente für die amerikanischen Knight-Schiebermotoren. Deren Vorteile: ruhiger Motorlauf, viel Leistung auch bei niedrigen Drehzahlen. Gute Pflege sollten die Motoren eigentlich mit besonderer Langlebigkeit danken. Trotz aller Vorteile erweisen sich die Aggregate aber als ausgesprochen störanfällig, weswegen die gesamte Mercedes-Knight-Baureihe ein kräftiger Misserfolg wird. Das kleine 10/30-PS-Modell wird nur rund 200 Mal gebaut, der 65 PS starke 25/65 PS nur gut 100 Mal. Das Vier-Liter-Modell kommt immerhin auf mehr als 5300 Stück – auch deshalb, weil es im Gegensatz zu den kleineren Varianten nach dem Ersten Weltkrieg noch weitergebaut wird.

Mercedes 28/95 PS

Technische Daten

Bauart:	u. a. Phaeton
Baujahr:	1914 – 1924
Motor:	R6
Hubraum:	7280 ccm
Leistung:	95 PS
Getriebe:	Viergang-Handschalter
Antrieb:	Hinterräder
Gewicht:	1800 Kilogramm
Vmax:	110 – 138 km/h

Den 28/95 PS darf man ohne Einschränkungen als „großen Mercedes" bezeichnen. Die Gene des Motors liegen im Rennsport und ebenso in den Daimler-Flugmotoren. Er gilt als erstes deutsches Auto mit serienmäßiger elektrischer Beleuchtungsanlage und ist das erste Auto, dessen Motor mit Leichtmetall-Kolben ausgerüstet ist. Die Chauffeure brauchen drei Dinge, um den Wagen zu bedienen: Können, Mut und Kraft. Das Mercedes Topmodell besitzt „Sidepipes" (aussenliegende Auspuffrohre) und einen der ersten serienmäßigen Spitzkühler. Knapp 600 Stück werden insgesamt gebaut. Je nach Übersetzung und Reifen rennt so ein mit Karosserie 1800 Kilogramm schweres Monster bis zu 138 km/h.

Benz 6/18 PS, 6/45 PS, 27/70 PS

Technische Daten

Bauart:	u. a. Sport-Zweisitzer, Sport-Dreisitzer, Limousine, Tourenwagen
Baujahr:	1918 – 1923
Motor:	R4, R6
Hubraum:	1570 – 7065 ccm
Leistung:	18 – 70 PS
Getriebe:	Drei- und Viergang-Handschalter
Antrieb:	Hinterräder
Gewicht:	820 (Fahrgestell) – 2360 Kilogramm
Vmax:	85 – 115 km/h

1918 bringt Benz zwei völlig unterschiedliche Wagen auf den Markt – den kleinen 6/18 PS mit Vierzylinder samt Einfachvergaser, der 18 PS leistet, sowie den großen 27/70 PS mit satten 70 PS aus einem Siebenliter Sechszylinder mit Zenith-Doppelvergaser. Ab 1921 bietet Benz den kleinen Wagen bis 1923 als 6/45 PS-Sportwagen an mit 45 PS bei einem Fahrgestellgewicht von 820 Kilogramm und einer Höchstgeschwindigkeit von 115 km/h

Benz 10/30 PS, 11/40 PS, 16/50 PS

Ab 1921 bilden zwei neue Modelle das Rückgrat des Benz-Personenwagen-Programms: der Typ 10/30 PS mit 2,6-Liter-Vierzylindermotor und der 16/50 PS mit 4,2-Liter-Sechszylindermotor. Fahrwerk und Motor entsprechen der klassischen Konzeption: Die Kraft wird über Kardanwelle an die Hinterräder übertragen, Vorderradbremsen sind zunächst nicht vorgesehen, und die stehenden Ventile werden über eine seitliche Nockenwelle gesteuert. 1923 ergänzt der 11/40 PS mit 2,9-Liter-Sechszylindermotor die Typenpalette. Alle drei Modelle sind als Offener Tourenwagen oder Limousine erhältlich. Nach der Fusion mit der DAG werden der 10/30 PS und 16/50 PS unter der Markenbezeichnung Mercedes-Benz weiterhin angeboten, sind aber nun mit einem Flachkühler anstelle des seitherigen Spitzkühlers ausgestattet. Das Vierzylindermodell wird nach einer Leistungssteigerung in 10/35 PS umbenannt.

Technische Daten	
Bauart:	u. a. Tourenwagen, Limousine
Baujahr:	1921 – 1927
Motor:	R4, R6
Hubraum:	2610 – 4160 ccm
Leistung:	30 – 75 PS
Getriebe:	Viergang-Handschalter
Antrieb:	Hinterräder
Gewicht:	1500 – 1900 Kilogramm
Vmax:	78 – 110 km/h

Mercedes 6/25 PS, 10/40 PS

Technische Daten	
Bauart:	u. a. Sport Zweisitzer, Tourenwagen, Limousine
Baujahr:	1921 – 1925
Motor:	R4 mit Kompressor
Hubraum:	1499 – 2614 ccm
Leistung:	25 – 65 PS
Getriebe:	Viergang-Handschalter
Antrieb:	Hinterräder
Gewicht:	1120 – 1370 Kilogramm
Vmax:	100 – 110 km/h

1921 macht die DMG erneut mit einer Innovation Furore, die von der Presse „Mercedes-Geheimnis" genannt wird. Chefkonstrukteur Paul Daimler hat für die beiden neu entwickelten Mercedes-Modelle 6/25 PS und 10/40 PS die Kompressortechnologie aus dem Flugmotorenbau übernommen. Bei erhöhtem Leistungsbedarf – etwa beim Überholen oder am Berg – wird das Benzin-Luft-Gemisch durch ein Gebläse unter Druck in die Zylinder gepresst. Diese weltweit ersten Serienwagen mit Kompressormotor bilden den Auftakt des grandiosen Kompressor-Zeitalters im Hause Mercedes-Benz.

Mercedes 6/40/65 PS

Technische Daten	
Bauart:	Sport-Zweisitzer
Baujahr:	1924
Motor:	R4 mit Kompressor
Hubraum:	1499 ccm
Leistung:	40 – 65 PS
Getriebe:	Viergang-Handschalter
Antrieb:	Hinterräder
Gewicht:	1120 – 1370 Kilogramm
Vmax:	120 km/h

1924 bringt die DMG einen leistungsstarken Sportwagen auf den Markt, der von Privatfahrern und der Werksmannschaft im Motorsport eingesetzt wird. Der Motor ist gegenüber dem Serien-Vierzylinder mit 1568 ccm gründlich modifiziert. Sein Hubraum wurde auf 1499 ccm reduziert, um unter der im Rennsport wichtigen Klassengrenze von 1,5 Liter zu bleiben, zudem hat er einen Zylinderkopf mit vier Ventilen pro Zylinder und zwei obenliegenden Nockenwellen erhalten. 1924 werden 18 Exemplare gebaut.

Mercedes 15/70/100, Mercedes-Benz Typ 400, 24/100/140 PS, Mercedes-Benz Typ 630, 24/100/140 PS, 24/110/160 PS, Mercedes-Benz Modell K

Was die DMG Anfang der 1920er Jahre braucht, sind wirtschaftlich erfolgreiche Autos. Entwicklungschef Paul Daimler setzt eher auf ein Achtzylinder-Modell und scheidet Ende 1922 nach Differenzen mit seinen Vorstandskollegen aus. Der Nachfolger Ferdinand Porsche interessiert sich vor allem für Renn- und Sportwagen. Er bringt zwei Serienwagen mit Vierliter- und 6,3-Liter-Sechszylinder, deren Entwicklung bereits unter seinem Vorgänger begonnen hatte, zur Serienreife. Kompressoren steigern die Leistung um 30 bis 60 PS.

Die sportlichste Variante ist das Modell K – mit 145 km/h seinerzeit der schnellste Tourenwagen der Welt. Ein pures Vierliter-Fahrgestell ist für 14.250 Mark zu haben, man kann aber auch 28.000 Mark ausgeben für die sechssitzige Pullmann-Limousine, das Landaulet und das Pullmann-Cabriolet jeweils mit 100-PS-Sechszylinder, deren zuschaltbarer Kompressor die Kraft auf 140 PS steigen lässt. Im Bild ein 24/100/140 PS von 1924 als Offener Tourenwagen.

Technische Daten	
Bauart:	u. a. Tourenwagen, Cabriolet, Limousine, Coupé, Landaulet
Baujahr:	1924 – 1930
Motor:	R6
Hubraum:	3921 – 6246 ccm
Leistung:	70 – 160 PS
Getriebe:	Viergang-Handschalter
Antrieb:	Hinterräder
Gewicht:	2200 – 2500 Kilogramm
Vmax:	105 – 145 km/h

Der neue Stern am Automobilhimmel

Gemeinsam stark

(1926 – 1944)

METZELER CORD BALLON

DER NEUE STERN AM AUTOMOBILHIMMEL

Im Jahr 1927 beginnt die neu entstandene Daimler-Benz AG mit der Umstellung auf Fließarbeit. Zu diesem Zeitpunkt arbeiten dort mehr als 18.000 Menschen. Einer davon geht 1928: Ferdinand Porsche – auf Druck der Firma. Der Vorwurf: Er habe sich nicht genug den Volumen-Modellen gewidmet. Im Frühjahr 1928 errichtet das Mercedes Werk Sindelfingen ein Presswerk mit Großpressen und geht damit im Karosseriebau von der manuellen Einzelfertigung zur maschinellen Serienproduktion über. Im Juli 1930 erhält Papst Pius XI. eine Spezialanfertigung des Mercedes-Benz Nürburg 460 – es ist das erste „Papamobil" von Mercedes.

1932 beläuft sich der Kraftwagenbestand weltweit schon auf etwa 1,6 Millionen Stück, davon sind 486.000 Personenwagen. In Deutschland neu produziert werden in diesem Jahr nur knapp 42.000 Autos. Das Reich exportiert etwa 11.000 Personen- und Lastwagen, der Umsatz der deutschen Automobilindustrie beträgt rund 300 Millionen Reichsmark. Statistisch besitzt erst jeder hundertste Deutsche ein Auto. Die Daimler-Benz AG stellt den ersten Leicht-Lastkraftwagen mit Dieselmotor her. Es ist der Zwei-Tonnen-Lkw Typ Lo 2000.

Mit einem Marktanteil von elf Prozent ist Daimler-Benz 1933 der drittgrößte Autoproduzent in Deutschland. 1934 zahlt die AG rund 50 Millionen Reichsmark an Löhnen und Gehältern für zwölf Monate aus. By the way: Auf Drängen des Vorstandes Jakob Werlin werden 1936 die ersten 30 Versuchsfahrzeuge des KdF-Wagens („VW 30", der spätere VW Käfer) bei Daimler-Benz in Sindelfingen und Untertürkheim gebaut – ein Beispiel für die Zusammenarbeit zwischen Porsches Stuttgarter Konstruktionsbüro und seinem früheren Arbeitgeber. 1936 macht Mercedes erstmals seine automobilhistorische Sammlung öffentlich, und nach einer Kapazitätserweiterung verlassen 20.000 Pkw-Karosserien das Werk Sindelfingen – davon sind 17.000 für den Typ 170 V.

Was für ein Projekt: Der von Ferdinand Porsche konstruierte Mercedes-Benz T 80 wird gebaut, um den Temporekord aus England nach Deutschland zu holen. Der Zweite Weltkrieg vereitelt diese Bestrebungen …

Daimler-Benz kann 1937 Neuzulassungen von 23.679 Autos verbuchen, das ergibt einen Marktanteil von 10,94 Prozent. Die Maybach-Motorenbau GmbH in Friedrichshafen schafft immerhin 1515 Autos (0,08 Prozent). Bei Daimler-Benz sind jetzt wieder mehr als 35.000 Personen beschäftigt. Die Firma zahlt in diesem Jahr rund 100 Millionen Reichsmark Lohn und Gehalt.

Ein Riesenprojekt ist der Mercedes-Benz T 80: Schon 1936 hat Rennfahrer Hans Stuck in Stuttgart angeklopft, ob man nicht vielleicht den Temporekord für Autos wieder nach Deutschland holt – der steht bei 484,598 km/h, eingefahren von Malcolm Campbell mit seinem „Bluebird" auf den Bonneville Salt Flats in den USA. Dafür muss ein neuer Rekordwagen her. Konstruiert von Ferdinand Porsche, gebaut bei Daimler-Benz und ausgerüstet mit einem leistungsstarken Mercedes-Benz-Flugmotor, soll der dreiachsige T 80 Hans Stuck dazu verhelfen, schnellster Mann der Welt zu werden. Porsche errechnet einen Leistungsbedarf von 3500 PS, um die Zielgeschwindigkeit von 650 km/h zu erreichen. Der Bolide wird fast fertig – aber der Krieg verhindert den Einsatz.

1939 läuft die Produktion für den Krieg voll an. Die Firma kauft rund sechs Hektar Industriegelände in Untertürkheim von der Stadt Stuttgart. Daimler-Benz kann 1940 noch vom ersten bis zum dritten Berufsjahr sechs Tage Urlaub (wie üblich) gewähren, im vierten Beschäftigungsjahr gar acht pro Jahr. Ab 31 Jahren Betriebszugehörigkeit gibt es 18 statt 12 Tage Urlaub. Bei Maybach in Friedrichshafen wird die Automobilfertigung zugunsten so genannter kriegswichtiger Güter eingestellt. Insgesamt werden nur 2300 Maybach gebaut.

Am 9. und 10. Mai 1941 fallen die ersten Bomben auf das Werk Mannheim. Eineinhalb Jahre später, im November 1943, wird das Daimler-Benz Werk Untertürkheim Ziel eines Nachtangriffs – bis Ende Oktober beziffert die Konzernleitung den Schaden durch Fliegerangriffe auf 70 Millionen Reichsmark. Am 5. Mai 1944 stirbt Bertha Benz, Gattin von Carl Benz und erste Autofahrerin, in Ladenburg. Sie wird 94 Jahre alt. Knapp vier Monate später legen massive Luftangriffe der Alliierten die Daimler-Benz-Standorte in Sindelfingen und Gaggenau in Schutt und Asche – fast alle Gebäude und Werkzeuge werden zerstört.

Mercedes-Benz 8/38 PS

Technische Daten	
Code:	W 02
Bauart:	u. a. Limousine, Tourenwagen, Cabriolet, Sport-Zweisitzer, Droschken-Landaulet
Baujahr:	1926 – 1929
Motor:	R6
Hubraum:	1991 ccm
Leistung:	38 PS
Getriebe:	Dreigang-Handschalter
Antrieb:	Hinterräder
Gewicht:	1150 – 1250 Kilogramm
Vmax:	75 km/h

Der erste Mercedes-Benz Serien-Pkw nach der Fusion wird der 8/38 PS mit Zweiliter-Reihensechszylinder. Obwohl das Auto auf der Berliner Automobil-Ausstellung 1926 beim Publikum durchaus auf Interesse stößt, kommt der Absatz zunächst nicht richtig in Gang. Das liegt hauptsächlich am Preis, der zu hoch angesetzt ist. Die zweitürige Limousine kostet 1927 schon 8600 Mark. Das wird nach einem Jahr zwar radikal geändert, aber daraufhin glaubt die Kundschaft, die Serie laufe aus. Die Anlaufschwierigkeiten belasten auch das Verhältnis von Chefkonstrukteur Porsche und seinen Vorstandskollegen. Insgesamt entstehen bis Anfang 1929 stattliche 9105 Einheiten vom W 02.

Mercedes-Benz 12/55 PS, 14/60 PS Typ 350

Technische Daten	
Code:	W 03, W 04, W 05
Bauart:	Tourenwagen, Pullmann-Limousine
Baujahr:	1926 – 1929
Motor:	R6
Hubraum:	3130 – 3444 ccm
Leistung:	55 – 60 PS
Getriebe:	Viergang-Handschalter
Antrieb:	Hinterräder
Gewicht:	1800 – 1980 Kilogramm
Vmax:	95 – 105 km/h

Zeitgleich mit dem 8/38 PS debütiert Ende 1926 der Typ 12/55 PS mit einem 3,1-Liter-Sechszylindermotor. Das unter der Verantwortung von Chefkonstrukteur Ferdinand Porsche entwickelte Modell ist allerdings recht schwer und wirkt auch äußerlich etwas schwerfällig. Die Motoren werden in rascher Folge modifiziert und von anfänglich 3,1 Liter auf 3,5 Liter Hubraum vergrößert. Der 12/55 PS und sein 1928 eingeführter Nachfolger 14/60 PS Typ 350 werden im Werk Mannheim gebaut, das Benz & Cie. in die Fusion eingebracht hat. Bis 1929 entstehen etwas mehr als 4000 Fahrzeuge.

Mercedes-Benz S, SS, SSK, SSKL

Diese Mercedes-Benz-Modelle haben noch heute einen sagenhaften Ruf – nicht nur deshalb, weil auch sie unter Verantwortung von Porsche konstruiert worden sind, der damit sein besonderes Talent für Sportwagen beweist. Der Typ S (S für „Sport") sorgt schon 1927 auf Rennstrecke und Straße gleichermaßen für Furore. 1928 folgt der SS (Super Sport), 1929 der SSK (Super Sport Kurz), 1931 der SSKL (Super Sport Kurz Leicht), wobei „leicht" diskutabel ist – das Auto wiegt mit Karosserie 1500 Kilogramm.
In den Händen von kundigen Rennfahrern donnern die Autos die Konkurrenz in Grund und Boden – die Erfolgsliste reicht vom Eröffnungsrennen des Nürburgrings im Jahr 1927 bis zum Avus-Rennen 1932. Wobei der PS-Schub des Roots-Zweiflügel-Gebläses eigentlich nur kurzfristig einsetzen soll, so zum Beispiel am Berg oder beim Überholen. Insgesamt werden aber nicht einmal 300 Exemplare dieser Baureihe hergestellt. 1927 kostet der Typ S als Sport-Viersitzer 30.000 Reichsmark. Die Cabriolet-Versionen des Nachfolgemodells SS schlagen mit bis zu 44.000 Reichsmark zu Buche.

Technische Daten	
Code:	W 06
Bauart:	Tourenwagen, Cabriolet
Baujahr:	1927 – 1933
Motor:	R6
Hubraum:	6789 – 7069 ccm
Leistung:	120 – 300 PS
Getriebe:	Viergang-Handschalter
Antrieb:	Hinterräder
Gewicht:	1500 – 2100 Kilogramm
Vmax:	170 – 235 km/h

Mercedes-Benz Typ Stuttgart 200, Stuttgart 260

Technische Daten	
Code:	W 02, W 11
Bauart:	Limousine, Tourenwagen, Cabriolet, Sport-Zweisitzer, Lieferwagen
Baujahr:	1928 – 1934
Motor:	R6
Hubraum:	1991 – 2581 ccm
Leistung:	38 – 50 PS
Getriebe:	Dreigang-Handschalter (wahlweise plus Schnellgang)
Antrieb:	Hinterräder
Gewicht:	1180 – 1350 Kilogramm
Vmax:	80 – 90 km/h

Im November 1928 debütiert mit dem Typ Stuttgart 200 eine überarbeitete Variante des Mercedes-Benz 8/38 PS. Drei Monate später erscheint neben diesem Zweilitermodell auch eine Variante mit 2,6-Liter-Motor und 50 PS. Der Mercedes-Benz 10/50 PS Typ Stuttgart 260 – so die offizielle Modellbezeichnung – ermöglicht etwas ansprechendere Fahrleistungen und eine 10 km/h höhere Spitzengeschwindigkeit. Der Preis für die viertürige Limousine liegt mit 7880 Reichsmark exakt 1000 Reichsmark über dem des Zweilitermodells. Teuerste Variante ist das viertürige Cabriolet D mit einem Preis von 10.600 Reichsmark. Die Gesamtproduktion des Stuttgart 260 beläuft sich auf 6757 Exemplare.

Mercedes-Benz Typ Nürburg 460, Nürburg 500, 500 N

Technische Daten	
Code:	W 08
Bauart:	Tourenwagen, Pullman-Limousine, Cabriolet
Baujahr:	1928 – 1939
Motor:	R8
Hubraum:	4624 – 4918 ccm
Leistung:	80 – 110 PS
Getriebe:	Viergang-Handschalter plus Schnellgang
Antrieb:	Hinterräder
Gewicht:	2120 – 2400 Kilogramm
Vmax:	100 – 123 km/h

1922 hat Entwicklungschef Paul Daimler bei der DMG seinen Traum vom Achtzylinder-Pkw nicht verwirklichen dürfen und das Unternehmen verlassen. Ein paar Jahre später ist die Zeit jedoch reif, und im Oktober 1928 debütiert mit dem 18/80 PS Typ Nürburg 460 der erste Achtzylinder-Serienwagen von Mercedes-Benz. Der ungewöhnliche Name leitet sich von einer Dauererprobung auf dem Nürburgring ab, bei der das neue Modell in 13 Tagen 20.000 km zurückgelegt hat. Ab 1931 ist er in Verbindung mit dem auf Wunsch erhältlichen Schnellganggetriebe mit einer 5-Liter-Variante des Reihenachtzylinders ausgerüstet.

Mercedes-Benz Typ Mannheim 350, Mannheim 370, Mannheim 370 S

Technische Daten	
Code:	W 10
Bauart:	Limousine, Tourenwagen, Cabriolet
Baujahr:	1929 – 1933
Motor:	R6
Hubraum:	3444 – 3689 ccm
Leistung:	70 – 75 PS
Getriebe:	Dreigang-Handschalter (wahlweise Schnellgang)
Antrieb:	Hinterräder
Gewicht:	1100 – 2360 Kilogramm
Vmax:	95 – 115 km/h

Auf Basis der recht mächtig geratenen Modelle 12/55 PS und 14/60 PS Typ 350 entsteht der leichtere und eleganter gezeichnete 14/70 PS Typ Mannheim 350, der im Herbst 1929 debütiert und Anfang 1931 zum 15/75 PS Typ Mannheim 370 weiterentwickelt wird. Der davon abgeleitete Mannheim 370 S wird ausschließlich als Cabriolet und Roadster gebaut und ist sehr beliebt, weil er aussieht wie eine kleine Ausgabe des Mercedes-Benz SSK.

Mercedes-Benz 770

Technische Daten	
Code:	W 07
Bauart:	Tourenwagen, Pullmann-Limousine, Cabriolet
Baujahr:	1930 – 1938
Motor:	R8, R8 mit Kompressor
Hubraum:	7655 ccm
Leistung:	150 PS
Getriebe:	Dreigang-Handschalter plus Schnellgang
Antrieb:	Hinterräder
Gewicht:	2700 Kilogramm
Vmax:	150 – 160 km/h

Auf dem Pariser Salon 1930 steht ein wahres Prachtstück von Personenwagen – selbst Daimler-Benz nennt ihn den „Großen Mercedes". 7,7 Liter Hubraum im Reihenachtzylinder sind gesetzt, wahlweise wird der Motor mit einem Kompressor bestückt. Das passiert fast immer: Nur 13 der insgesamt 119 Kunden verzichten auf die technische Leistungsspritze. Daimler-Benz will mit dem Auto vor allem dem Maybach Zeppelin das Leben schwer machen. 19 Mal wird das reine Fahrgestell verkauft, schon das kostet 1930 ab 29.500 Reichsmark pro Stück. Für das Top-Modell, das luxuriöse und repräsentative Cabriolet F mit sechs Sitzen, müssen üppige 47.500 Reichsmark berappt werden.

Mercedes-Benz 170

Der Mercedes-Benz 170 wird nach der Präsentation auf dem Pariser Salon 1931 gleich ein Schlager. Das liegt nicht nur daran, dass der kleine Wagen besser zu den wirtschaftlich schweren Zeiten passt, sondern auch an Hans Nibels genialem Konstrukteurstalent. Der Ingenieur sorgt dafür, dass der Wagen eine „achslose Radaufhängung" besitzt: Die Schwingachsen sorgen für bis dato kaum gekannte sichere Fahreigenschaften. Auch sonst hat das Auto, was den Kunden gefällt: eine komplette Ausstattung samt einem diebstahlsichernden Zündschloss. Und das auch noch für einen recht günstigen Preis: Die Einstiegslimousine mit freistehendem Koffer ist schon für 4400 Reichsmark zu haben – wohlgemerkt mit Sechszylindermotor, der zwar nicht mit wildem Temperament glänzt, aber zuverlässig ist. Bis Produktionsende 1936 entscheiden sich 13.775 Käufer für einen W 15.

Technische Daten	
Code:	W 15
Bauart:	u. a. Limousine, Rolldach-Cabriolet, Cabriolet, Tourenwagen, Sport-Roadster
Baujahr:	1931 – 1936
Motor:	R6
Hubraum:	1692 ccm
Leistung:	32 PS
Getriebe:	Dreigang-Handschalter plus Schnellgang
Antrieb:	Hinterräder
Gewicht:	1050 – 1200 Kilogramm
Vmax:	90 km/h

Mercedes-Benz 200, 230

Technische Daten	
Code:	W 21, W 143
Bauart:	u. a. Limousine, Rolldach-Limousine, Cabriolet, Tourenwagen, Sport-Roadster, Pullmann-Limousine, Pullmann-Landaulet
Baujahr:	1933 – 1941
Motor:	R6
Hubraum:	1963 – 2229 ccm
Leistung:	40 – 55 PS
Getriebe:	Dreigang-Handschalter plus Schnellgang
Antrieb:	Hinterräder
Gewicht:	1130 – 1500 Kilogramm
Vmax:	93 – 110 km/h

Der Mercedes-Benz 200 löst 1933 den Typ Stuttgart ab, basiert aber auf dem Fahrgestell des Typs 170. Die Maße kann man daher als „kompakt" bezeichnen, was den Kunden allerdings weniger gefällt. Bereits ein Jahr später bietet Daimler-Benz auch Varianten mit langem Radstand an, was plötzlich wieder eine Taxiausgabe mit sechs Sitzen ermöglicht, aber auch eine große viersitzige Limousine und sogar ein viersitziges Cabriolet. Allerdings wird das Auto dadurch schwerer, was wiederum einen größeren Motor erfordert. Daimler-Benz reagiert 1936 mit einem 2,3-Liter-Sechszylinder, der 55 PS leistet.

Mercedes-Benz 290

Technische Daten	
Code:	W 18
Bauart:	Tourenwagen, Limousine, Pullman-Limousine, Cabriolet, Stromlinien-Limousine
Baujahr:	1933 – 1937
Motor:	R6
Hubraum:	2867 ccm
Leistung:	60 – 68 PS
Getriebe:	Dreigang-Handschalter plus Schnellgang
Antrieb:	Hinterräder
Gewicht:	1725 – 1980 Kilogramm
Vmax:	103 – 108 km/h

Zusammen mit den Typen 200 und 380 debütiert im Frühjahr 1933 in Berlin der Mercedes-Benz 290 als drittes Modell mit Schwingachsen. Wie schon beim Typ 200 praktiziert, wird auch der 290 ein Jahr nach der Premiere auch mit längerem Radstand angeboten, wodurch auch sechssitzige Aufbauten wie die Pullman-Limousine, das Cabriolet F oder ein sechssitziger Tourenwagen möglich werden. Der 2,9-Liter-Sechszylindermotor mit stehenden Ventilen und einer seitlichen Nockenwelle leistet zunächst 60, ab 1935 dann 68 PS. Bis 1937 entstehen im Werk Untertürkheim fast 3500 Exemplare mit normalem Radstand und im Werk Mannheim knapp 4000 Einheiten mit langem Radstand.

Mercedes-Benz 380

Technische Daten	
Code:	W 22
Bauart:	u. a. Limousine, Tourenwagen, Cabriolet, Roadster
Baujahr:	1933 – 1934
Motor:	R8, R8 mit Kompressor
Hubraum:	3820 ccm
Leistung:	90 – 140 PS
Getriebe:	Dreigang-Handschalter plus Schnellgang
Antrieb:	Hinterräder
Gewicht:	2100 Kilogramm
Vmax:	120 – 145 km/h

Der Anfang 1933 in Berlin präsentierte Typ 380 ist der erste Vollschwingachser dieser Größe – an dessen sichere Fahreigenschaften kommt kein Starrachser heran. Das bedeutet aber auch, dass die Kundschaft immer mehr Kraft unter der Haube wünscht, selbst wenn der Reihenachtzylinder mit Kompressor immerhin 140 PS bereitstellt. So kommt es bereits kurz nach seiner Einführung zur Weiterentwicklung des 380, und schon im März 1934 ist in Berlin neben den verschiedenen Karosserievarianten des 380 auch der erste 500 K ausgestellt. Dadurch bringt es der nur gut ein Jahr gebaute 380 auf nicht mehr als 154 Exemplare, darunter 19 Fahrgestelle für je 13.000 Reichsmark und 110 Cabriolets zu je 19.500 Reichsmark.

Mercedes-Benz 130

Technische Daten	
Code:	W 23
Bauart:	Limousine, Cabrio-Limousine, Tourenwagen
Baujahr:	1934 – 1936
Motor:	R4
Hubraum:	1308 ccm
Leistung:	26 PS
Getriebe:	Dreigang-Handschalter plus Schnellgang
Antrieb:	Hinterräder
Gewicht:	980 Kilogramm
Vmax:	92 km/h

Auf der Berliner Automobil- und Motorradausstellung im März 1934 debütiert der erste Mercedes-Benz Heckmotorwagen. Der Typ 130 mit seinem 1,3-Liter-Vierzylindermotor ist das neue Einsteigermodell der Stuttgarter Marke. Es ist gut 1000 Reichsmark günstiger als der Typ 170 und wird als Limousine, Cabrio-Limousine und Tourenwagen angeboten. Gerade bei Kleinwagen liegt das Heckmotorkonzept mit aerodynamisch inspirierter Karosserie Anfang der 1930er Jahre voll im Trend. Die Fahreigenschaften sind im Vergleich zu den Mercedes-Benz-Modellen mit Frontmotor etwas gewöhnungsbedürftig, und auch die Karosserieform ist für das eher konservative Stilempfinden der meisten Kunden zu modern. So werden bis 1936 nur etwa 4300 Stück gebaut.

Mercedes-Benz 170 V, 170 H

Mit dem 170 V konstruiert Hans Nibel Daimler-Benz' meistgebauten Vorkriegs-Personenwagen. Das Modell mit Frontmotor ist zuverlässig, wirtschaftlich, unprätentiös, ein bisschen spießig, qualitativ aber sehr gut. Insgesamt werden bis 1942 – die Ausführungen als Kastenwagen und Kübelwagen nicht mitgezählt – fast 72.000 Fahrzeuge des Typs 170 V produziert. Von der viertürigen Limousine, die 3850 Reichsmark kostet, entstehen fast 38.000 Exemplare. Die mit 271 Fahrzeugen seltenste Ausführung ist der Roadster. Teuerste Variante ist das Cabriolet A, das mit 5980 Reichsmark zu Buche schlägt. 1943 bietet Daimler-Benz einen Holzgasgenerator an, mit dem der 170 V auch ohne das zu Kriegszeiten rationierte Benzin betrieben werden kann. Der 170 H mit Heckantrieb, der den seitherigen Typ 130 ablöst, nutzt praktisch den gleichen Motor wie der 170 V, ist aber wegen seines noch immer ungewohnten Konzepts deutlich weniger erfolgreich als der klassisch konzipierte 170 V.

Technische Daten	
Code:	W 136, W 28
Bauart:	u. a. Limousine, Cabrio-Limousine, Cabriolet, Roadster, Tourenwagen, Kastenwagen
Baujahr:	1936 – 1942
Motor:	R4
Hubraum:	1697 ccm
Leistung:	38 PS
Getriebe:	Viergang-Handschalter
Antrieb:	Hinterräder
Gewicht:	1100 – 1160 Kilogramm
Vmax:	108 – 110 km/h

Nach dem Zweiten Weltkrieg bietet der 170 V die Basis für die Wiederaufnahme der Pkw-Produktion.

Mercedes-Benz 500 K, 540 K

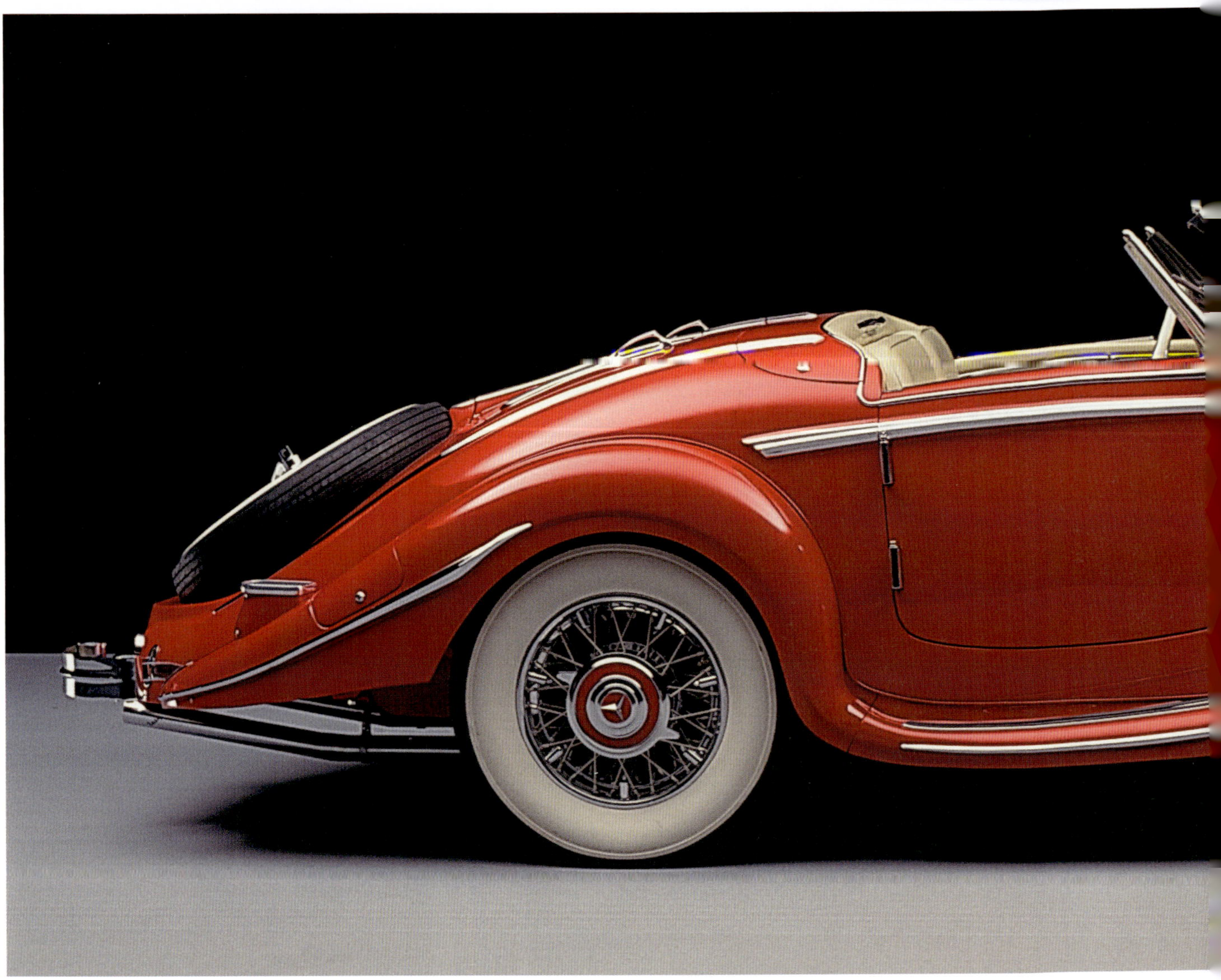

Klar kann Daimler-Benz die Modelle SS und SSK nicht ewig bauen, aber es kommen würdige Nachfolger, die legendären 500 K und 540 K. Der Achtzylinder im 500 K leistet 100 PS, der zuschaltbare Kompressor bläst die Kraft auf 160 PS bei 3400 Umdrehungen. Das Auto wird in drei Chassis-Versionen angeboten: mit normalem Fahrgestell (3290 Millimeter Radstand), mit zurückgesetztem Motor bei gleichem Radstand und ab 1939 auch mit kurzem Radstand, was 2980 Millimeter bedeutet. Das 1700 Kilogramm schwere Fahrgestell kostet 15.500 Reichsmark, teuerstes Modell ist der Spezial-Roadster mit 28.000 Reichsmark. Den „Autobahn-Kurier" mit seiner avantgardistisch anmutenden Karosserie gibt es dagegen schon ab 24.000 Reichsmark.

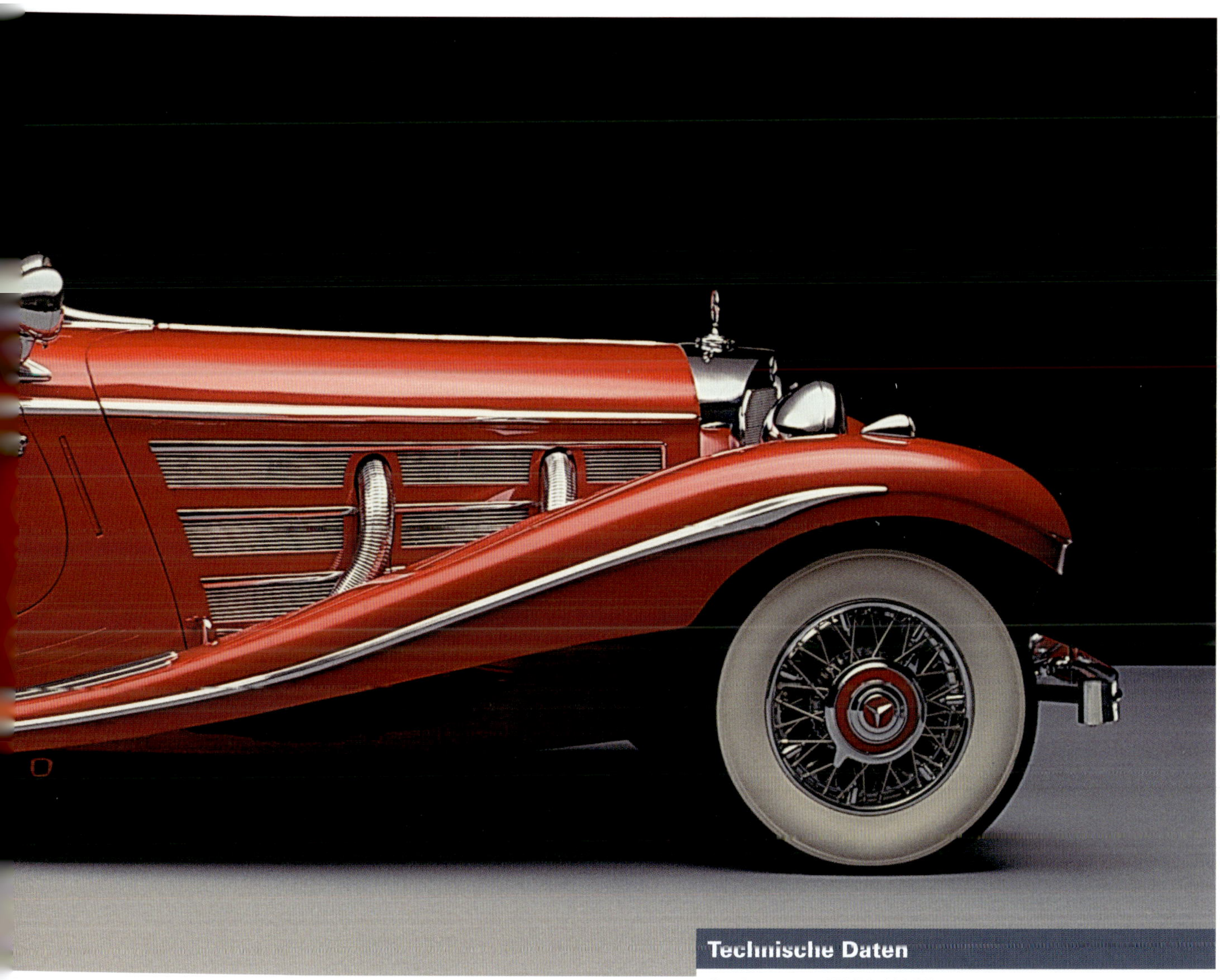

1936 vergrößert Daimler-Benz den Hubraum des Motors auf 5,4 Liter, was den Wagen mit Kompressoreinsatz 180 PS stark macht. 1942/43 entstehen 20 gepanzerte Exemplare als zweitürige Limousine, bestellt von der NS-Diktatur für ihre Statthalter in den besetzten Gebieten. Insgesamt werden 342 Stück vom 500 K und 419 Stück vom 540 K gebaut.

Technische Daten	
Code:	W 24, W 29
Bauart:	Limousine, Tourenwagen, Coupé, Cabriolet, Spezial-Roadster, Autobahn-Kurier
Baujahr:	1934 – 1939
Motor:	R8, R8 mit Kompressor
Hubraum:	5019 – 5401 ccm
Leistung:	100 – 180 PS
Getriebe:	Vier- und Fünfgang-Handschalter
Antrieb:	Hinterräder
Gewicht:	2250 – 3100 Kilogramm
Vmax:	160 – 170 km/h

Mercedes-Benz 260 D

Technische Daten	
Code:	W 138
Bauart:	Pullmann-Landaulet
Baujahr:	1936 – 1940
Motor:	R4-Diesel
Hubraum:	2545 ccm
Leistung:	45 PS
Getriebe:	Dreigang-Handschalter plus Schnellgang
Antrieb:	Hinterräder
Gewicht:	1530 Kilogramm
Vmax:	90 km/h

Der Typ Mercedes-Benz 260 D ist eine kleine Sensation auf der Berliner Autoausstellung im Jahr 1936: Er ist der erste serienmäßig gebaute Diesel-Pkw der Welt. Seit 1933 experimentiert Daimler-Benz mit Dieselmotoren in Pkw, ein 80 PS starker Sechszylinder-Diesel hat allerdings den einen oder anderen Test-„Mannheim" zerschüttelt. Der OM (Ölmotor) 138 liefert nun 45 PS, arbeitet fast komfortabel und ist vor allem sehr wirtschaftlich: Das Auto verbraucht zehn bis elf Liter Diesel auf 100 Kilometer. Der Typ 260 D wird zunächst nur als Pullman-Limousine und -Landaulet angeboten, das bedeutet, er besitzt sechs Sitze. So wird das Auto fast ausschließlich als Taxi verkauft und begründet Daimlers Dominanz im Droschkengewerbe, die bis heute anhält. 1936 kostet so ein 260 D 7900 Reichsmark. Bis 1940 entstehen 1967 Diesel-Pkw bei Daimler-Benz.

Mercedes-Benz 320

Technische Daten	
Code:	W 142
Bauart:	Tourenwagen, Limousine, Pullman-Limousine, Cabriolet, Stromlinien-Limousine
Baujahr:	1937 – 1942
Motor:	R6
Hubraum:	3207 – 3405 ccm
Leistung:	78 PS
Getriebe:	Viergang-Handschalter plus Schnellgang
Antrieb:	Hinterräder
Gewicht:	1725 – 1950 Kilogramm
Vmax:	126 – 130 km/h

Der Mercedes-Benz 320 löst im Frühjahr 1937 nach vier Jahren den erfolgreichen Typ 290 ab. Fahrwerk und Karosserieauswahl sind im Wesentlichen gleich geblieben. Überarbeitet präsentiert sich der Motor, der nach Aufbohren nun 3,2 Liter Hubraum hat und 78 PS entwickelt – 10 PS mehr als das Vorgängermodell. Anfang 1939 wird der Hubraum durch nochmaliges Aufbohren auf 3,4 Liter erhöht. Diese Maßnahme dient nicht etwa einer Leistungssteigerung, sondern soll bei der seinerzeit nachlassenden Benzinqualität das Leistungsniveau erhalten. Die Typenbezeichnung bleibt trotzdem unverändert 320. Gleichzeitig mit der Hubraumerhöhung erhält der 320 auch ein zusätzliches Fernganggetriebe.

Mercedes-Benz 770

Technische Daten	
Code:	W 150
Bauart:	Pullmann-Limousine, Tourenwagen, Cabriolet
Baujahr:	1938 – 1943
Motor:	R8 mit Kompressor
Hubraum:	7655 ccm
Leistung:	230 PS
Getriebe:	Viergang-Handschalter mit Schnellgang
Antrieb:	Hinterräder
Gewicht:	3400 – 4800 Kilogramm
Vmax:	80 – 170 km/h

1938 bringt Daimler-Benz einen völlig neu entwickelten Typ 770 „Großer Mercedes", der intern W 150 heißt. Gebaut wird das Modell mit Leichtmetallmotor, Ovalrohrrahmen, Einzelradaufhängung vorne und betörendem Design bis 1943, aber im Grunde nur als Einzelanfertigung. Mit Kompressor leistet der Wagen 230 PS, was 170 km/h ermöglicht. Die gepanzerten Exemplare sind auf 80 km/h begrenzt, allein die Fahrgestelle wiegen mehr als zwei Tonnen: Ein voll gepanzerter Tourenwagen kommt so auf 5,42 Tonnen. Insgesamt werden nur 88 Stück hergestellt, davon etwa ein Drittel in gepanzerter Ausführung.

Mercedes-Benz 230

Technische Daten	
Code:	W 153
Bauart:	Limousine, Cabriolet
Baujahr:	1939 – 1942
Motor:	R6
Hubraum:	2291 ccm
Leistung:	55 PS
Getriebe:	Dreigang-Handschalter plus Schnellgang
Antrieb:	Hinterräder
Gewicht:	1470 Kilogramm
Vmax:	116 km/h

Im Februar 1939 erscheint auf der Berliner Automobil- und Motorradausstellung ein neuer Typ 230. Er löst die zwei- und vier- bis fünfsitzigen Varianten des 1936 eingeführten Modells gleichen Namens ab, während die Pullman-Limousine, das Pullman-Landaulet und der Tourenwagen weitergeführt werden. Motor und Achsen entsprechen weitgehend dem Vorgänger, der neue 230er hat nun aber einen X-förmigen Ovalrohrrahmen nach dem Vorbild des 170 V. Neu ist auch die Karosserie, die nun auf Ganzstahlbauweise statt der seither üblichen Holz-Blech-Gemischtbauweise setzt. Durch den Kriegsausbruch wird der 230 zum letzten neu vorgestellten Mercedes-Benz-Pkw der Vorkriegszeit, und nach Kriegsende dient er als Basis für den Typ 300.

Formen und Vielfalt

Die Wirtschaftswunderjahre

(1945 – 1960)

FORMEN UND VIELFALT

In Stuttgart gehen im Jahr 1945 die Lichter aus: Am 20. April wird das Daimler-Benz-Werk Untertürkheim stillgelegt. Zu dieser Zeit arbeiten noch fast 13.000 Menschen für die Firma. Der erste Industrieplan der alliierten Siegermächte lässt 1946 folgende Produktionszahlen der deutschen Autoindustrie zu: 40.000 Personenwagen, 40.000 Lastwagen, 10.000 Traktoren und 4000 leichte Straßenschlepper. Die Automobilindustrie errechnet einen Bedarf von 250.000 Personenkraftwagen, 9000 Lastkraftwagen und 5000 Omnibussen für alle Besatzungszonen. Wenig erbaulich: Bei Daimler-Benz in Untertürkheim sind die Produktionsanlagen fast vollständig zerstört.

Dennoch wird die Produktion eines 1,7-Liter-Lieferwagens vorbereitet. Im Juli 1947 beginnt schon die Produktion der Viertürer-Personenwagen – Mercedes bleibt nichts anderes übrig, die Fahrzeugproduktion auf dem Vorkriegs-170er aufzubauen. So entstehen der 170 V und der 170 D (mit dem V identisch bis auf den Dieselmotor), meistens als Lieferwagen oder Krankenwagen. Schon im Oktober wird der 1000. Pkw nach dem Krieg hergestellt.

Ab Oktober 1948 dürfen wieder Autos mit mehr als 1,5 Litern Hubraum gebaut werden. Bei Daimler-Benz ist die Nachfrage so groß, dass es sofort Lieferfristen gibt. 1949 darf man sogar wieder an Luxus denken, und Mercedes antwortet mit dem 170 S und dem 170 DS. Bis 1955 werden noch weitere Varianten gebaut. Ende August 1948 wird der Unimog (Universal-Motor-Gerät) von der Firma Boehringer bei einer Agrarmesse ausgestellt – 1951 integriert Daimler den Alleskönner in sein Nutzfahrzeugprogramm.

1950 beginnt das Jahrzehnt des Wirtschaftswunders – Zeit für ein paar Statistiken: Bislang besitzt immer noch nur einer von 100 Bundesbürgern ein Auto. Die Kosten eines Autos machen pro deutsche Durchschnittsfamilie ein Fünfzigstel des Haushaltsbudgets aus. Im Land sind fast 440.000 Personenwagen zugelassen. Gut 216.000 Pkw und 3300 Kombinationskraftwagen werden produziert. Im Bundesgebiet (ohne Bayern und Berlin) werden mehr als 182.000 Straßenunfälle registriert. In knapp 70 Prozent der Fälle sind Autos beteiligt, in fast 9000 Fällen ist der Fahrer be- oder angetrunken.

Es sind bundesweit rund 16.000 Taxen in Betrieb, etwa 9100 Motorroller werden gebaut. Ende des Jahres existieren 2116 Kilometer befahrbare Autobahn. 14 Personenkraftwagen- und 20 Lastkraftwagen-Hersteller buhlen um Kundschaft. Im Oktober 1950 hat Daimler genau 50.000 Pkw nach dem Krieg produziert, und in Sindelfingen beginnt der Zweischichtbetrieb.

1951 ist die Bundesrepublik im Umbruch: Das Kraftfahrtbundesamt wird gegründet, die Hauptuntersuchung eingeführt. Ein Liter Benzin kostet 64,5 Pfennige, und die Menschen staunen über einen gewissen Luigi Fagioli – der ist 53 Jahre alt und gewinnt den Grand Prix von Frankreich. Nie wieder wird ein GP-Sieger älter sein. 1952 bringt die Reifenmarke Continental den ersten Matsch+Schnee-Reifen. Spielehersteller ASS erfreut die Kids mit dem ersten Autoquartett in Deutschland, die Fernsehmacher die Nation mit der ersten Fernsehsendung am 25. Dezember.

1953 werden alle Tempolimits in der jungen Republik abgeschafft – dafür wird erkannt, dass betrunkene Autofahrer ein Risiko sind. Folgerichtig wird die erste Promille-Grenze eingeführt. Sie fällt mit einem Wert von 1,5 Promille für heutige Maßstäbe allerdings recht moderat aus.

Die Daimler-Benz AG indes setzt die Erfindungen ihres Sicherheitsspezialisten Béla Barényi konsequent um: Der Mercedes-Benz 180 erhält als erstes deutsches Auto eine gestaltfeste Fahrgastzelle und einen Fahrschemel. Er markiert die Hinwendung zur Ponton-Karosserie. Schon im Januar wird die Sicherheitsfahrgastzelle patentiert.

Mit einem kleineren Fahrzeug soll es bei Daimler-Benz nach dem Zweiten Weltkrieg weitergehen: Josef Müller konstruiert im Jahr 1948 diesen kompakten Mercedes mit einer Gesamtlänge von 3,70 Metern. Zu einer Serienfertigung kommt es jedoch nicht …

1954 führt Duisburg die ersten Parkographen ein, die später als Parkuhren die gesamte Nation nerven werden. Daimler-Benz bekommt das Patent auf das Sicherheitslenkrad mit Prallplatte, das Béla Barényi bereits 1947 entwickelt hat. Der 50.000. Besucher im Mercedes-Museum wird begrüßt, und der 50.000. Mercedes-Lkw seit Kriegsende wird in Mannheim gebaut. 1955 sendet der Bayerische Rundfunk die allerersten Verkehrsnachrichten, und Daimler-Benz gründet Daimler-Benz of North America in Delaware. Die Benz-Aktie steigt um 90 Prozent und das neue Montagewerk in Brüssel beginnt mit der Arbeit.

Leichtbau sichtbar gemacht: Mechaniker der Rennabteilung mit einer Stromlinienkarosserie des Formel-1-Rennwagens W 196 R im Jahre 1954 vor dem damaligen Mercedes-Benz Museum auf dem Gelände des Werks Untertürkheim.

1956 wird bei Daimler-Benz die fünftägige Arbeitswoche bei einer wöchentlichen Normalarbeitszeit von 45 Stunden eingeführt. Fast gleichzeitig wird die „Einfahrbahn" in Untertürkheim fertiggestellt. Beim Daimler arbeiten erstmals mehr als 50.000 Menschen, und jeder zweite neu zugelassene Lkw mit mehr als drei Tonnen auf deutschen Straßen ist ein Truck mit Stern.

1956 ist Deutschland mit 1,3 Millionen Stück zweitgrößter Autoproduzent nach den USA auf der Welt, was keine Erklärung dafür ist, dass hierzulande die Verkehrssünderkartei ihre Arbeit aufnimmt. Am 24. April beteiligt sich die Daimler-Benz AG mit 88 Prozent an der Auto Union GmbH rückwirkend zum 1. Januar. Das Geschäft wird von Daimler-Benz-Großaktionär Friedrich Flick, der auch Anteile bei Auto Union besitzt, eingefädelt. Daimler-Benz bleibt Eigner bis 1964.

Der Umsatz der Daimler-Benz AG überschreitet 1958 erstmals zwei Milliarden Mark, und das Keilzapfen-Türschloss wird zum Patent angemeldet.

1959 versucht Daimler-Benz, die strauchelnde Firma BMW mit Hilfe der Deutschen Bank zu kassieren. Das klappt aber nicht – BMW bleibt selbstständig. Am 10. September beginnt Daimler-Benz mit ersten Crash-Versuchen: Ein Versuchswagen wird frontal gegen ein festes Hindernis geschleudert. Der Mercedes 190 D gewinnt einen US-Wirtschaftlichkeitswettbewerb mit sechs Zehntel Cents Kosten pro Meile.

1960 werden in Sindelfingen und Untertürkheim 11.000 Autos pro Monat gebaut. Die Daimler-Benz AG beteiligt sich am 10. August 1960 mehrheitlich an der Maybach Motoren-

Autokorso 1952: Die Mannschaft des VfB-Stuttgart wird nach dem 3:2-Sieg über den 1. FC Saarbrücken in Bad Cannstatt von jubelnden Fans empfangen. Nach 1950 ist es der zweite Deutsche Meistertitel für die Schwaben.

bau GmbH. So rücken die Namen Daimler und Maybach wieder näher aneinander. Und

Messepräsentation des Mercedes 300 SL auf der International Motor Sports Show in New York, 6. bis 14. Februar 1954: Das frühe Supercar von Mercedes-Benz ist auch heute noch hochgradig charismatisch.

Mercedes-Benz lässt sich die Sicherheitslenkung patentieren: Die Lenksäule kann sich beim Unfall teleskopartig ineinander verschieben. Bis sie serienmäßig in ein Modell eingebaut wird, vergehen allerdings noch sieben Jahre.

Die Idee eines kompakten Mercedes-Benz Personenwagens wird nicht aufgegeben: Hier der W 119 aus dem Jahre 1962, der einen extrem sparsamen hochverdichteten Vierzylinder-Reihenmotor – den so genannten H-Motor – mit einer Verdichtung von 1:11,2 unter der Haube hat.

Mercedes-Benz 300, 300 S

Daimler-Benz drängt schon Anfang der 1950er Jahre wieder ins Luxussegment und präsentiert den 300. Mit seinem Dreiliter-Sechszylinder ist das Modell das größte und schnellste Serienauto seiner Zeit. Zwei Spitznamen sind bekannt: der „Große Mercedes des Jahrzehnts" und „Adenauer-Wagen". Es ist das bevorzugte Modell von Kanzler Konrad Adenauer. Der Mercedes 300 wird im Laufe seines Lebens viermal überarbeitet und bekommt zur Unterscheidung kleine Buchstaben beigestellt (300, 300 a, 300 b, 300 c – der 300 d wird später beschrieben, weil er sich stark unterscheidet). Hauptsächlich ändert sich die Kraft, die 1951 bei 115 PS beginnt.
Erstmals im 300 c bietet Daimler-Benz für eines seiner Modelle ein Automatikgetriebe mit drei Gängen an. Der 300 S ist ab 1951 zu haben, dann aber gleich mit 150 PS. Er erfährt 1955 eine Überarbeitung und glänzt dann mit 175 PS, was ihm den Sprint auf 100 km/h in 14 Sekunden und ein Höchsttempo von 180 km/h garantiert. Der Mercedes-Benz 300 gilt übrigens als das erste deutsche Auto mit einer serienmäßigen Lenkhilfe. Der Preis beginnt 1951 bei 19.000 Mark für die viertürige Limousine. Den höchsten Preis müssen Kunden ab 1955 für den 300 Sc als Coupé, Cabrio und Roadster bezahlen: jeweils 36.500 Mark.

Technische Daten	
Code:	W 186, W 188
Bauart:	Limousine, Cabriolet, Roadster
Baujahr:	1951 – 1962
Motor:	R6
Hubraum:	2996 ccm
Leistung:	115 – 175 PS
Getriebe:	Viergang-Handschalter
Antrieb:	Hinterräder
Gewicht:	1780 – 2040 Kilogramm
Vmax:	160 – 180 km/h

Mercedes-Benz 180, 180 D, 190, 190 D

Dank des 180er bricht Daimler-Benz mit einer langen Tradition: Erstmals hat die Firma ein Modell mit selbsttragender Karosserie im Programm, das Ganze auch noch in der ultramodernen Ponton Form. Damit beginnt bei Mercedes eine neue Ära. Der Wermutstropfen ist beim 180 von 1953 bis 1957 der 40 PS schwache Motor aus dem 170 Sb. 1956 komplettiert Mercedes die Baureihe mit dem 190er, der dann auch Motorenspender für die 180er ab 1957 ist. So ist der 190er im Grunde baugleich mit dem 180er bis auf bessere Bremsen und mehr Ausstattung.
1958 stellt Mercedes dem 190er eine Dieselvariante beiseite, die mit einem 50 PS starken 1,9-Liter-Motor zu den Kunden kommt. 1961 darf auch der 180 einen Selbstzünder tragen, dieser ist aber eine Zweiliter-Maschine mit 48 PS. Tatsächlich wird auch zu diesem Zeitpunkt noch eine erkleckliche Anzahl an reinen Fahrgestellen verkauft, hauptsächlich für Krankenwagen- und Kombiaufbauten. Bis auf den 180 D im Jahr 1954 und die Wagen mit Kombi-Sonderaufbauten kosten alle Varianten weniger als 10.000 D-Mark.

Technische Daten	
Code:	W 120, W 121
Bauart:	Limousine
Baujahr:	1953 – 1962
Motor:	R4
Hubraum:	1767 – 1988 ccm
Leistung:	40 – 80 PS
Getriebe:	Viergang-Handschalter
Antrieb:	Hinterräder
Gewicht:	1180 – 1240 Kilogramm
Vmax:	112 – 144 km/h

Mercedes-Benz 300 SL

Daimler-Benz hat viele Ikonen gebaut – eine der größten ist der 300 SL, und zwar als Coupé. Der Wagen wird am 6. Februar 1954 auf der Motor Sports Show in New York vorgestellt, gemeinsam mit dem Mercedes 190 SL. Im August beginnt die Produktion. Der Preis: ab 29.000 Mark. Der Sportler besitzt eine der ersten Benzin-Direkteinspritzungen im Pkw. Das Traumcoupé, das von 1954 bis 1957 gebaut wird und sich innen gerne aufheizt – ein Kritikpunkt der US-Kundschaft –, ist mit Flügeltüren ausgestattet.
Den 300 SL Roadster (W 198 II) gibt es erst ab 1957 für 32.500 Mark, das Hardtop kostet 1000 Mark extra. Der 300 SL gilt als das erste Großserienfahrzeug mit einem Motor, der um die Längsachse geneigt ist. Sein größtes Manko sind anfangs zu schwache Bremsen, deswegen werden ab 1961 Scheibenbremsen rundum spendiert. Das Coupé wird nur 1400 Mal gebaut, 1100 Stück davon gehen in die USA. Der Roadster kommt auf 1858 Stück

Technische Daten	
Code:	W 198, W 198 II
Bauart:	Coupé, Roadster
Baujahr:	1954 – 1963
Motor:	R6
Hubraum:	2996 ccm
Leistung:	215 PS
Getriebe:	Viergang-Handschalter
Antrieb:	Hinterräder
Gewicht:	1310 – 1460 Kilogramm
Vmax:	260 km/h

Mercedes-Benz 220 a, 219, 220 S, 220 SE

Der Mercedes 220 a hat den Motor vom 220, aber der Rest stammt vom 180. Allerdings haben die Ingenieure den Radstand und die Front verlängert, deswegen sieht der 220 a erkennbar erwachsener aus. Der 220 S löst schon 1956 den 220 a ab, ist ein bisschen stärker und ein bisschen verchromter. Der 219 ist der 220 S mit abgemagerter Ausstattung. Der 220 SE, ab 1958 auf dem Markt, unterscheidet sich vom 220 S nur durch Einspritzer- statt Vergasermotor. Kostet zum Beispiel die Limousine des 220ers 12.500 Mark, sind es beim Cabrio satte 21.500 Mark. Den 219 gibt es nur geschlossen, bei 220 S und 220 SE ist das Cabrio ebenfalls 9000 Euro teurer. Ein 220 S Cabrio ist übrigens in Hitchcocks Film „Der unsichbare Dritte“ ein wichtiges Requisit: Cary Grant überlebt darin einen Mordanschlag. Die Coupés gibt es nur als 220 S und 220 SE – zum gleichen Preis wie das Cabrio.

Technische Daten	
Code:	W 180, W 105, W 128
Bauart:	Limousine, Cabriolet, Coupé
Baujahr:	1954 – 1960
Motor:	R6
Hubraum:	2195 ccm
Leistung:	81 – 115 PS
Getriebe:	Viergang-Handschalter
Antrieb:	Hinterräder
Gewicht:	1290 – 1470 Kilogramm
Vmax:	148 – 160 km/h

Mercedes-Benz 190 SL

Für viele ist der 300 SL – zumindest finanziell – unerreichbar. Aber zum Glück legt Mercedes ja den kleinen Bruder auf, den 190 SL. Zwar nicht als Coupé, aber zumindest als Roadster. Kurz nach Marktstart ist dazu ein 20 Kilogramm schweres Coupé-Hardtop zu haben, das 1150 Mark Aufpreis kostet. Der 190 SL soll vor allem Amerika erobern, deshalb wird er erstmals in New York gezeigt. Der Sprint in 14,5 Sekunden auf 100 km/h gilt als sportlich. Ab Mai 1956 ist eine Servohilfe serienmäßig, sie war vorher eine Option. Der Grundpreis beträgt 16.500 Mark. Verkaufstechnisch ist der Zweisitzer ein Renner: Fast 26.000 Stück finden Freunde, die dafür bezahlen können und rund 13 Liter Spritverbrauch in Kauf nehmen sowie die Tatsache, dass der nahezu gleiche Motor – nur schwächer – in den braven Mercedes 180 und 190 seinen Dienst tut. Unsterblich wird der 190 SL zumindest in Deutschland ausgerechnet durch die VIP-Prostituierte Rosemarie Nitribitt – die flaniert mit ihrem außen schwarzen und innen roten Roadster durch Frankfurt, bis sie ermordet wird. Der Fall wird nie gelöst.

Technische Daten	
Code:	W 121
Bauart:	Roadster
Baujahr:	1955 – 1963
Motor:	R4
Hubraum:	1897 ccm
Leistung:	105 PS
Getriebe:	Viergang-Handschalter
Antrieb:	Hinterräder
Gewicht:	1160 Kilogramm
Vmax:	171 km/h

Mercedes-Benz 300 d

Der 300 d bekommt mit „W 189" einen anderen internen Code als die übrigen Derivate des 300 (300 a, 300 b und 300 c), weil die Karosserie verändert wird, sich der Radstand verlängert und der Motor jetzt mit Einspritzung statt mit Vergasern arbeitet. Auf Wunsch ist eine Viergang-Handschaltung zu haben, die das Auto 40 Kilogramm leichter macht. Das Top-Tempo steigt dann um fünf km/h, der Sprint dauert nur 17 statt 18 Sekunden. Auf Wunsch übernimmt eine Dreigang-Automatik die Kraftübertragung.
Der d ist noch mehr für Repräsentationszwecke gedacht als seine Vorgänger, weil er weicher und behäbiger agiert als seine eher sportlich ausgerichteten Vorgänger, aber noch solider gebaut ist und damit qualitativ fast unschlagbar auftritt. Einer der Kunden: Papst Johannes XXIII. – er bekommt eine Ausführung mit extra langem Radstand (3600 Millimeter).

Technische Daten	
Code:	W 189
Bauart:	Limousine, Cabriolet
Baujahr:	1957 – 1962
Motor:	R6
Hubraum:	2996 ccm
Leistung:	160 PS
Getriebe:	Viergang-Handschalter
Antrieb:	Hinterräder
Gewicht:	1950 – 2040 Kilogramm
Vmax:	165 – 170 km/h

Mercedes-Benz 220 b, 220 Sb, 220 SEb

Die letzten Modellneuheiten der 1950er Jahre von Daimler-Benz überraschen mit einer ganz neuen Linie. Sie betören durch ihre Heckflossen-Karosserie, ohne sich jedoch auch nur im Mindesten auf die gigantischen amerikanischen Heckflossen der 60er Jahre einzulassen. Der Typ 220 b löst den 219 ab, er hat eine etwas kleinere Motorleistung als der 220 Sb. Bald sind ein Automatikgetriebe erhältlich, Scheibenbremsen und eine Zweikreis-Hydraulik. Der 220 SEb wiederum unterscheidet sich vom 220 Sb nur durch seinen Einspritzmotor, der 15 PS stärker ist als die Vergaserversion. Den 220 gibt es für 11.500 Mark, der SEb kostet schon 14.950 Mark. Für die Automatik sind 1400 Mark Aufpreis fällig, ein Stahl-Schiebedach gibt es für 550 Mark.

Technische Daten	
Code:	W 111
Bauart:	Limousine, Cabriolet, Coupé
Baujahr:	1959 – 1965
Motor:	R6
Hubraum:	2195 ccm
Leistung:	95 – 125 PS
Getriebe:	Viergang-Handschalter
Antrieb:	Hinterräder
Gewicht:	1320 – 1520 Kilogramm
Vmax:	160 – 172 km/h

Die Geschichte des Werkscodes „W" beginnt bei Daimler-Benz mit der Fusion der beiden Marken 1926. Erst Anfang der 1970er Jahre präzisiert Mercedes die Karosserieform mit Varianten, unter anderem „C" für Coupés, „R" für Roadster, „S" für die Kombis und „A" für Cabriolets. Jüngste Bezeichnung: „X" für die Geländewagen.

W 01	5/25 PS	1926
W 02	8/38 PS Typ 200	1926 – 1928
W 03	12/55 PS	1926 – 1927
W 103	G1	1926 – 1928
W 04	12/55 PS	1927 – 1928
W 05	14/60 PS Typ 350	1928 – 1929
W 14	5/25 PS	1928
W 06	S, SS, SSK, SSKL	1927 – 1933
W 08	Nürburg 460/500 Typ 500 N	1928 – 1939
W 10	Mannheim 350/370 K/370 S	1929 – 1935
W 11	10/50 PS Typ Stuttgart	1929 – 1934
W 37	L 1000 Express	1929 – 1936
W 07	770	1930 – 1938
W 15	170	1931 – 1936
W 18	290	1933 – 1937
W 21	200	1933 – 1936
W 22	380	1933 – 1934
W 23	130	1934 – 1936
W 24	500 K gepanzert, 500 K lang	1934 – 1936
W 29	500K, 540 K	1934 – 1939
W 30	150	1934 (W 130 II: 1934 – 1936)

W 31	G4	1934 – 1939
W 28	170 H	1936 – 1939
W 136	170 V	1936 – 1942
W 138	260 D	1936 – 1940
W 143	230	1936 – 1941
W 144	130 VB	1936 – 1937
W 145	190 VB	1936 – 1937
W 146	260 VB	1936 – 1937
W 142	320	1937 – 1942
W 147	400 V	1938
W 150	770	1938 – 1943
W 152	G5	1937 – 1941
W 153	230	1938 – 1943
W 159	260	1940
W 157	600 K	1941 – 1942
W 148	600 V/600 K	1941 – 1942
W 136	170 V, 170 D, 170 S	1946 – 1953
W 187	220 Cabrio, Limousine	1951 – 1955
W 186	300	1951 – 1957
W 188	300 S, 300 Sc Cabrio/Roadster, Coupé	1952 – 1958
W 191	170 Sb, 170 DS	1952 – 1953
W 120	Ponton 180	1953 – 1962
W 187	220 Coupé	1953 – 1955
W 198	300 SL Coupé/Roadster	1954 – 1963
W 121	190 SL	1955 – 1963
W 180	220 S Cabrio, Coupé, Limousine	1956 – 1959
W 105	Ponton 219	1956 – 1959
W 189	300 d	1957 – 1962
W 128	220 SE Cabrio, Coupé, Limousine	1958 – 1960
W 121	190	1958 – 1961
W 110	Heckflosse	1961 – 1968
W 111	220 SEb Cabrio – 280 SE Cabrio, Coupé, Limo	1961 – 1971
W 112/3	300 SE Cabrio, Coupé, Limousine	1962 – 1967
W 100	600/Pullmann	1963 – 1981

W 113	230 SL – 280 SL	1963 – 1967
W 108	250 S – 300 SEb	1965 – 1972
W 109	300 SEL – 300 SEL 6.3	1965 – 1972
W 114/W115	Strichacht	1968 – 1976
C 107	SLC	1971 – 1981
R 107	SL-Klasse Roadster	1971 – 1989
W 116	S-Klasse Limousine	1972 – 1980
W 123	Limousine	1976 – 1985
C 123	Coupé	1977 – 1985
S 123	T-Modell	1978 – 1985
W 126	S-Klasse Limousine	1979 – 1992
W 460	G-Klasse	1979 – 1989
C 126	S-Klasse Coupé	1981 – 1991
W 201	190 D – 190 E	1982 – 1993
W 124	Limousine	1984 – 1995
S 124	T-Modell	1985 – 1996
C 124	Coupé	1987 – 1996
W 463	G-Klasse	1989 – 2007
R 129	SL-Klasse Roadster	1989 – 2018
A 124	E-Klasse Cabriolets	1991 – 1997
C 140	S-Klasse Coupé	1992 – 1998
W 461	G-Klasse	1992 – 2013
W 202	C 200 D – C 280/C 55 AMG	1993 – 2004
W 140	S-Klasse Limousine	1994 – 1998
W 210	E-Klasse Limo	1995 – 2002
S 210	E-Klasse T-Modell	1996 – 2002
R 170	SLK-Klasse Roadster	1996 – 2004
S 202	C-Klasse T-Modell	1996 – 2007
W 168	A-Klasse	1997 – 2004
W 163	M-Klasse 270 CDI bis ML 55 AMG	1997 – 2001
A 208	CLK-Klasse Cabriolet	1998 – 2003
W 220	S-Klasse Limousine	1998 – 2005
C 208	CLK-Klasse Coupé	1999 – 2002
C 215	CL-Klasse Coupé	1999 – 2006
A 208	CLK-Klasse Cabriolets	1999 – 2003
W 203	C-Klasse Limousine	2000 – 2007
CL 203	C-Klasse Sportcoupé	2001 – 2007
S 203	C-Klasse T-Modell	2001 – 2008
R 230	SL-Klasse Roadster	2001 – 2011
C 209	CLK-Klasse Coupé	2002 – 2009
W 211	E-Klasse Limousine	2002 – 2009
W 240	Maybach 57/57 S	2002 – 2010
V 240	Maybach 62/62 S	2003 – 2012
A 209	CLK-Klasse Cabriolet	2003 – 2009
S 211	E-Klasse T-Modell	2003 – 2009
R 171	SLK-Klasse	2004 – 2011
W 169	A-Klasse	2004 – 2008
C 219	CLS Coupé	2004 – 2010
C 199	SLR McLaren	2004 – 2008
W 169	A-Klasse Limousine, Coupé	2004 – 2012
W 164	M-Klasse 280 CDI 4Matic bis ML 63 AMG	2005 – 2011
W 251	R-Klasse Sports Tourer	2005 – 2010
W 245	B-Klasse Sports Tourer	2005 – 2008
W 221	S-Klasse Limousine	2005 – 2009
X 164	GL-Klasse	2006 – 2012
C 216	CL-Klasse Coupé	2006 – 2014
S 204	C-Klasse T-Modell	2007 2011
R 199	SLR-McLaren Roadster	2007 – 2009
W 204	C-Klasse Limousine	2007 – 2014
S 204	C-Klasse T-Modell	2007 – 2014
X 204	GLK-Klasse	2008 – 2015
C 207	E-Klasse Coupé	2009 – 2016
W 212	E Klasse	2009 2016
C 197	SLS AMG	2010 – 2014
W/C 218	CLS-Klasse	2010 – 2018
A 207	E-Klasse Cabrio	seit 2010
W 246	B-Klasse	seit 2011
W 246	B-Klasse Sports Tourer	seit 2011
R 197	SLS AMG Roadster, GT3	2011 – 2014
C 204	C-Klasse Coupé	2011 – 2015

W 166	M-/GLE-Klasse	seit 2011
R 172	SLK-/SLC-Klasse	seit 2011/2016
X 166	GL-Klasse	seit 2012
X 218	CLS-Klasse Shooting Brake	2012 – 2018
W 176	A-Klasse	2012 – 2018
A 231	SL-Klasse Roadster	seit 2012
C 117, X 117	CLA, Shooting Brake	2013 – 2019
C 190	AMG GT	seit 2014
C 217	S-Klasse Coupé	seit 2014
W 205	C-Klasse	seit 2014
S 205	C-Klasse T-Modell	seit 2014
X 156	GLA-Klasse	seit 2014
X 253	GLC-Klasse	seit 2015
C 292	GLE Coupé	seit 2015
A 217	S-Klasse Cabrio	seit 2015

C 205	C-Klasse Coupé	seit 2015
A 205	C-Klasse Cabrio	seit 2016
C 253	GLC-Klasse Coupé	seit 2016
W 213	E-Klasse	seit 2016
R 190	Mercedes-AMG GT Roadster	seit 2016
W 238	E Klasse Coupé, Cabrio	seit 2017
X 470	X-Klasse Pick-up	seit 2017
W 290	AMG GT 4-Türer	seit 2018
W 177	A-Klasse	seit 2018
W 464	G-Klasse	seit 2018
W 257	CLS-Klasse	seit 2018
W 238	CLS-Klasse Coupé	seit 2018
W 247	B-Klasse	seit 2018
N 293	EQC	seit 2019
C 118, X 118	CLA, Shooting Brake	seit 2019

Auf dem Weg zum sichersten Automobil (1961 – 1970)

AIR FORCE
10028

AUF DEM WEG ZUM SICHERSTEN AUTOMOBIL

Die zunehmende Straßen- und Verkehrsdichte in Deutschland fordert ihren Tribut: 1961 sind 2600 Autobahn-Kilometer nutzbar, aber 14.500 Menschen sterben bei mehr als einer Million Unfällen, 340.000 Verletzte sind zu beklagen. Damit wenigstens die Autos sicherer werden, wird die TÜV-Plakette eingeführt. Auch Daimler-Benz verschreibt sich weiterhin der Sicherheit und baut als einer der ersten deutschen Hersteller vier Scheibenbremsen serienmäßig in seine Modelle ein, und zwar in 300 SL und 300 SE. Im Letzteren steckt auch eine Niveauregulierung.

Außerdem ist Daimler führend mit dem Einbau von Verankerungspunkten für Sicherheitsgurte und präsentiert einen der ersten Schrägschulter-Gurte. Im Mai wird der 50.000. Unimog gebaut, Daimler hat bislang 300.000 Lastwagen hergestellt. Außerdem unterzeichnen Daimler und NSU einen Lizenzvertrag für Wankel-Motoren.

Im September 1962 verlässt der einmillionste Nachkriegs-Benz-Pkw die Produktionsstätten – ein 220 SE, gebaut in Sindelfingen. Ab August 1963 gehört die Zweikreis-Bremsanlage mit Bremskraftverstärker und Scheibenbremsen vorne zur Grundausstattung aller Mercedes-Pkw. In diesem Jahr verkauft die Daimler-Benz AG ihre Auto-Union-Anteile an die Volkswagen AG.

1965 werden gut 2,4 Millionen Personenwagen und fast 300.000 Kombis in Deutschland produziert. Alle Personenwagen in der Bundesrepublik fahren zusammen rund 143,4 Milliarden Kilometer. Es geschehen fast 1,1 Millionen Unfälle, davon gut 316.000 mit Verletzten. Die Zahl der Verkehrstoten beträgt mehr als 15.700. Grund genug, die Strafen fürs Rasen zu erhöhen: Möglich sind bis zu fünf Jahre Gefängnis.

Erst ein Fünftel aller Frauen in der Bundesrepublik besitzt einen Führerschein. Ein deutscher Arbeiter baut übrigens durchschnittlich 6,4 Autos im Jahr. Zum Vergleich: Ein Amerikaner schafft 25 Stück, der Brite nur 5,8. Ein Auto benötigt einen Kabelbaum mit 200 Anschlüssen, die Gesamtlänge der Kabelage beträgt 150 Meter. Der 500.000. Diesel-Mercedes nach dem Krieg verlässt das Werk in Sindelfingen. Und Daimler-Benz übergibt einen 600 Pullmann-Landaulet an Papst Paul VI. Die Daimler-Benz AG ist inzwischen der größte Nutzfahrzeughersteller in der Europäischen Gemeinschaft.

Unimog Typ U 40 auf dem Montageband, ca. im Jahr 1966: Mit dem Unimog baut die Daimler AG bis heute eines der geländegängigsten und robustesten Nutzfahrzeuge der Welt.

Während 1966 jeder dritte Neuwagen auf Deutschlands Straßen noch nicht voll bezahlt ist, weil auf Raten gekauft, tauchen in dieser Zeit erstmals die Begriffe „aktive" und „passive Sicherheit" auf – natürlich bei Mercedes-Benz durch die Entwicklung eines Schemas zur systematischen Sicherheitsforschung. Der 100.000. Unimog wird gebaut, und im Oktober werden die Maybach-Motorenbau GmbH und die Mercedes-Benz-Motorenbau GmbH zusammengeführt zur Maybach Mercedes-Benz Motorenbau GmbH.

1967 erhalten alle Mercedes-Modelle ab 1967 einen Pralltopf im Lenkrad. Am 9. Mai wird die 15.460 Meter lange Prüfstrecke in Untertürkheim eingeweiht, sie beinhaltet eine 90-Grad-Steilstrecke. Es gibt Schleuderplatten, Rüttelstrecken und Steigungen bis 70 Prozent. Außerdem nimmt Mercedes-Benz das Geschäft mit dem Leasing auf. Gut 10 Jahre später (1979) wird mit Gründung der Mercedes Leasing GmbH dann erstmals Leasing unter eigenem Namen angeboten. 1968 stellt Mercedes Sicherheitskopfstützen und Dreipunktgurte vor, im Verborgenen werden schon die ersten Airbag Versuche unternommen. Der zweimillionste Nachkriegs-Mercedes läuft vom Band (ein 220/8), außerdem der einmillionste Dieselmotor nach dem Krieg. Ein Erfolg ist übrigens die Heckflossen-Einheitskarosserie, die Daimler-Benz seit 1959 baut: Davon werden in verschiedenen Motorisierungen rund 973.000 Limousinen verkauft.

Im Juli 1969 gründen Daimler-Benz und MAN die MTU-Gruppe: Aus der Maybach Mercedes-Benz Motorenbau GmbH wird die MTU Motoren- und Turbinen-Union Friedrichshafen GmbH. Und am 6. August läuft in Sindelfingen der 250.000. Mercedes mit Einspritzung vom Band. Am 12. Dezember 1970 stellt Daimler-Benz das mit Teldix gemeinsam entwickelte Antiblockiersystem (ABS) der ersten Generation für Pkw vor.

Mercedes-Benz 300 SE

Das Top-Modell der neuen Heckflossen-Baureihe kommt erst 1961 auf den Markt: Der 300 SE trägt vorne den Dreiliter-Leichtmetall-Sechszylinder aus dem 300 SL, aber ohne Direkteinspritzung. Ansonsten unterscheidet er sich durch Ausstattung, Chromzierrat und Luftfederung von seinen billigeren Brüdern. Er besitzt rundherum Scheibenbremsen, eine mit Bosch zusammen entwickelte Luftfederung und kann optional mit Viergang-Automatik bestellt werden. Der Anspruch zeigt sich deutlich im Preis: Den 300 SE in Limousinenform gibt es erst ab 23.100 Mark, für das viersitzige Cabrio (1962 – 1967) muss man schon 33.350 Mark locker machen. Auch als Coupé ist der schöne Wagen zu haben. Rund 10.000 Stück werden insgesamt verkauft inklusive der SEL-Langversion.

Technische Daten	
Code:	W 112
Bauart:	Limousine
Baujahr:	1961 – 1965
Motor:	R6
Hubraum:	2996 ccm
Leistung:	160 – 170 PS
Getriebe:	Viergang-Handschalter
Antrieb:	Hinterräder
Gewicht:	1580 – 1700 Kilogramm
Vmax:	175 – 200 km/h

Mercedes-Benz 190, 190 D, 200, 200 D, 230, 230 S

Diese erneuerte Baureihe mit der Heckflossenkarosserie gilt als das beste Beispiel für die gelungene Verbindung von Wirtschaftlichkeit, Platzangebot, Komfort und Leistung von Daimler-Benz. Der neue 190 trägt die Karosserie des 220 S, jedoch ist die Front verkürzt, die Scheinwerfer sind rund und kleiner gegenüber den ovalen Lampen beim großen Bruder. Mit 80 PS ist das 1280 Kilogramm schwere Auto ausreichend motorisiert. Im 200er gibt es einen etwas größeren Motor und 15 PS mehr. Wer zum 190er Diesel greift, muss mit wesentlich weniger Kraft (55 PS) und deutlich weniger Komfort wegen des Selbstzünders rechnen. Der 200 D kommt auch nur mit 55 PS, aber dafür mit etwas mehr Ausstattung. Ab 1967 gibt es den 200 D auch als langen Siebensitzer. Der Einstieg in die Mercedes-Welt kostet 9950 Mark – die Basisvariante des 190ers ist das einzige Modell, das noch unter 10.000 Mark bleibt. Die Karosseriefirmen Miesen und Binz sorgen für ein paar Kombiversionen namens „Universal", die rund 15.500 Mark kosten. Der Nachfolger des Mercedes-Benz 220 ist der 230. Der Sechszylinder wird dafür auf 2281 Kubikzentimeter aufgebohrt, ab 1966 steckt im 230 der gleiche Motor wie im 230 S. Der sieht fast genauso aus wie der 220 S, muss aber mit weniger Ausstattung auskommen. Die Frontscheibe besteht nun nicht mehr aus Verbundglas, sondern aus Hartglas. Trotz der für Kunden recht undurchsichtigen Modellpolitik verkauft Daimler-Benz vom 230 und 230 S mehr als 80.000 Fahrzeuge.

Technische Daten	
Code:	W 110, W 111
Bauart:	Limousine
Baujahr:	1961 – 1968
Motor:	R4, R6
Hubraum:	1897 – 2281 ccm
Leistung:	55 – 120 PS
Getriebe:	Viergang-Handschalter
Antrieb:	Hinterräder
Gewicht:	1280 – 1460 Kilogramm
Vmax:	127 – 174 km/h

Mercedes-Benz 230 SL, 250 SL, 280 SL

Am 13. März 1963 feiert der Mercedes 230 SL auf dem Genfer Salon seine Premiere. Er gilt als erster Sportwagen mit Sicherheitskarosserie und als einer der schönsten Mercedes aller Zeiten. Der Roadster wird von 150 PS befeuert und ist ein hinreißender Zweisitzer – allerdings bei weitem nicht so sportlich wie der 190 SL. Man sitzt relativ hoch und hat Komfort in jeder Hinsicht. Wirtschaftlichkeit ist dagegen nicht seine Stärke – er ist teuer (22.200 Mark) und verbrennt rund 16 Liter Super auf 100 Kilometer.

Kommt die Basisversion noch mit dem 2,3-Liter-Motor aus dem 220 SE, schiebt Daimler-Benz 1966 mit dem 250 SL eine 2,5-Liter-Version nach, die allerdings auch nur 150 PS leistet. Der Motor hat drei Kurbelwellenlager mehr, der Tank ist größer und an allen vier Rädern arbeiten Scheibenbremsen. Schon 1968 ist eine 2,8-Liter-Version zu haben, jetzt mit einer deutlichen Leistungssteigerung um 20 PS.

Fast 50.000 Stück dieser drei Varianten werden verkauft. Übrigens: Seinen Spitznamen „Pagode" verdankt das Modell ausgerechnet einem optionalen Bauteil, das man möglichst wenig nutzen will, wenn man Cabrio fährt: dem besonders geformten Hardtop.

Technische Daten	
Code:	W 113
Bauart:	Roadster
Baujahr:	1963 – 1971
Motor:	R6
Hubraum:	2281 – 2778 ccm
Leistung:	150 – 170 PS
Getriebe:	Viergang-Handschalter
Antrieb:	Hinterräder
Gewicht:	1300 – 1360 Kilogramm
Vmax:	190 – 200 km/h

Mercedes-Benz 600

Mit dem Mercedes 600, der auf der Internationalen Automobil-Ausstellung in Frankfurt am 12. September 1963 vorgestellt wird, erreicht Daimler-Benz wieder das Segment des absoluten Luxus – der 600er ist das exklusivste Auto der Welt und wird deshalb auch schnell zum Liebling aller VIPs, Politiker, Despoten und anderer extrovertierter Mitmenschen (wie zum Beispiel Playboy-Chef Hugh Hefner). Das ist allerdings nicht Schuld des Autos – das glänzt nur mit sämtlichen verfügbaren elektrischen Stellmotoren und Servohilfen, mit Luftfederung, mit einem 6330 Kubik großen und 250 PS starken V8, mit einer Viergang-Automatik, mit 207 km/h Spitze, mit der langen Pullmann-Option (200 km/h Spitze), mit der Landaulet-Möglichkeit sowie mit Vollpanzerungen, die ein Mehrgewicht von 2255 (!) Kilogramm mit sich bringen.
Das Auto besitzt die erste deutsche serienmäßig eingebaute thermostatgeregelte Heizung, die erste deutsche vollwertige Klimaanlage und einstellbare Stoßdämpfer, die sich sogar von innen bedienen lassen. Weitere Neuerungen: die erste elektrische Sitzverstellung in einem deutschen Auto, die erste deutsche Zentralverriegelung mit Kindersicherung, das erste deutsche elektrische Schiebedach. Außerdem soll es der erste deutsche Wagen mit von innen einstellbaren Außenspiegeln sein.
Der Preis beginnt 1964 mit 56.500 Mark für die „Basisversion" und 63.500 Mark für einen Pullmann. Ende 1978 muss man schon 144.100 Mark respektive 165.500 Mark bezahlen, darüber wird der Preis schlicht „ausgehandelt". Insgesamt entstehen 2677 Stück, davon 428 Pullmann-Limousinen und 59 Landaulets. Erst nach 18 Jahren stellt Daimler-Benz die Produktion ein.

Technische Daten	
Code:	W 100
Bauart:	Limousine, Pullmann-Limousine, Landaulet
Baujahr:	1964 – 1981
Motor:	V8
Hubraum:	6330 ccm
Leistung:	250 PS
Getriebe:	Viergang-Automatik
Antrieb:	Hinterräder
Gewicht:	2600 – 2770 Kilogramm
Vmax:	200 – 207 km/h

Mercedes-Benz 280 SE 3.5

Im September 1969 werden mit den Typen 280 SE 3.5 Coupé und Cabriolet die leistungsstärksten Versionen der Reihen W 111/112 vorgestellt. In Sachen Konstruktion und Design orientieren sich die Luxus-Coupés an den im August 1959 vorgestellten „Heckflossen-Limousinen". Der völlig neu entwickelte 3,5-l-V8-Motor mit 200 PS zeichnete sich durch besondere Laufruhe aus und ermöglichte sportwagenmäßige Fahrleistungen. Die neuen Modelle präsentierten sich – wie übrigens auch die weiterhin angebotenen 2,8-l-Varianten mit Sechszylindermotor – stilistisch leicht überarbeitet: Aufgrund der niedrigeren und breiteren Kühlermaske ist die Motorhaube nach vorn dementsprechend abgeflacht. Diesem charakteristischen Merkmal verdanken die facegelifteten Coupés und Cabriolets auch die Bezeichnung „Flachkühler"-Modelle. Äußerlich sind die Achtzylindermodelle von den modellgepflegten Sechszylindertypen nicht zu unterscheiden.

Als 1971 die Produktion eingestellt wird, endet die mehr als 10 Jahre währende Ära der Coupés und Cabriolets der Baureihen 111 und 112. Insgesamt entstanden in Sindelfingen 28.918 Coupés und 7013 Cabriolets. Sowohl das 280 SE 3.5 Cabriolet (1232 Stück) als auch das 3270 Mal gebaute 280 SE 3.5 Coupé zählen heute zu den gesuchtesten Klassikern dieser Epoche.

Technische Daten	
Code:	W 111, W 112
Bauart:	Coupé, Cabriolet
Baujahr:	1969 – 1971
Motor:	V8
Hubraum:	3499 ccm
Leistung:	200 PS
Getriebe:	Viergang-Handschalter, Viergang-Automatik
Antrieb:	Hinterräder
Gewicht:	1610 Kilogramm
Vmax:	210 km/h

Mercedes-Benz 250 S, 250 SE, 280 S, 280 SE, 280 SEL, 280 SE 3.5, 280 SEL 3.5, 300 SE, 300 SEL

Der Nachfolger des 220 S (W 108) ist ein voller Erfolg. Wobei man sich fragen muss, warum eigentlich. Denn das Auto wirkt nicht mehr so elegant, hat weniger Platz für Gepäck und Insassen, und der vergrößerte Motor ist nicht wirklich standfest. Echten Fortschritt dagegen markieren die serienmäßigen Scheibenbremsen rundum und die hydropneumatische Ausgleichsfeder für eine Niveauregulierung.
Der mit einem standfesten Motor ausgerüstete 280 S löst bald den 250 S ab, dem er optisch fast gleicht. Die SE-Variante kommt mit Benzineinspritzung, der 300 SE besitzt im Grunde den Leichtmetallmotor aus dem „Adenauer" und keine Luftfederung. Letztere bleibt dem 300 SEL (W 109) (längerer Radstand, hinten zehn Zentimeter mehr Platz), dem 300 SE (Einspritzer) und dem 300 SE Cabrio vorbehalten. 135.000 Stück dieser Typen finden zahlende Freunde dank fast verschwenderischer Ausstattung und viel Handarbeit. So ein 250 SE kostet 1967 dann auch mal eben 24.950 Mark, für den 300 SE werden 31.950 Mark verlangt. Die SEL-Versionen sind um zehn Zentimeter länger, wobei der 300 SEL – obwohl Top Modell – den Motor des 280 SL unterm Blech trägt.

1971 pflanzt Mercedes-Benz dem 280 SE und der Langversion 280 SEL den neu konstruierten 3,5-Liter-V8 ein. Der Einspritzer mit 2778 Kubik Hubraum leistet 160 PS bei 5500 Umdrehungen. Serienmäßig ist ein handgeschaltetes Vierganggetriebe eingebaut, die Automatikversion konsumiert rund 18 Liter Super auf 100 Kilometer – so ein V8 will eben gefüttert sein. Insgesamt werden mehr als 12.000 dieser Fahrzeuge verkauft.

Technische Daten	
Code:	W 108, W 109, W 111, W 112
Bauart:	Limousine, Coupé, Cabriolet
Baujahr:	1965 – 1972
Motor:	R6, V8
Hubraum:	2496 – 3499 ccm
Leistung:	130 – 200 PS
Getriebe:	Viergang-Handschalter
Antrieb:	Hinterräder
Gewicht:	1470 – 1715 Kilogramm
Vmax:	177 – 210 km/h

Mercedes-Benz 200, 200 D, 220, 220 D, 230, 250, 250 C, 250 CE

Anfang 1968 bringt Daimler-Benz eine ganz neue Modellgeneration heraus, die Baureihen W114/115, später bekannter als „Strichachter" wegen des Erscheinungsjahres. Die Autos mit der modernen, klaren Linienführung sind etwas kleiner geraten als der 190 c, aber passen damit auch besser in den dichteren Straßenverkehr. Modelle mit Vier- und Fünfzylindermotoren tragen die Bezeichnung W 115, während die Sechszylinderausführungen am Kürzel W 114 zu erkennen sind. Zunächst ist der Strichachter als 200, 200 D, 220, 220 D, 230 und 250 zu haben. Etwas später können Langversionen geordert werden, im November gibt es Coupés – ausschließlich mit Sechszylinderaggregaten bestückt – mit der Bezeichnung 250 C und 250 CE.

Die Verarbeitung ist bekannt gut – dass die ersten Exemplare extrem rosten, stellt sich naturgemäß erst später heraus. Die Motoren sind standfest, aber nicht besonders stark. Besonders der 200 D kann mit seinen mageren 55 PS gerade mal mitschwimmen im Verkehr, mit Automatikgetriebe schafft er 125 km/h Spitze. Aber die Modelle sind zuverlässig, auch wenn Starten beim Diesel noch echte Handarbeit ist. Der Choke will extrem lang gezogen sein, erst dann lässt sich der Motor mit vollständigem Zug am Choke anwerfen. Der Dank ist ausgiebiges Schütteln und Rütteln des Strichachters, zumindest im Kaltlauf.

Technische Daten	
Code:	W 114, W 115
Bauart:	Limousine, Coupé
Baujahr:	1968 – 1976
Motor:	R4, R6, R4 Diesel
Hubraum:	1988 – 2496 ccm
Leistung:	55 – 130 PS
Getriebe:	Viergang-Handschalter
Antrieb:	Hinterräder
Gewicht:	1360 – 1540 Kilogramm
Vmax:	125 – 180 km/h

Mercedes-Benz 300 SEL 6.3, 300 SEL 3.5

1968 schlägt der 300 SEL 6.3 ein wie eine Bombe – nicht wegen der langen Karosserie und der Luftfederung, sondern weil er mit dem sagenhaften V8 aus dem Mercedes 600 bestückt ist. Das macht den 39.160 DM teuren Wagen zu einer sehr schnellen und unter anderem dank Halogen-Scheinwerfern sehr sicheren Reiselimousine, die ausschließlich mit Automatikgetriebe ausgeliefert wird. Dagegen geht der im September 1969 vorgestellte lange 300er mit dem kleinen 3,5-Liter-V8 fast unter. Kein Wunder.

Technische Daten	
Code:	W 109
Bauart:	Limousine
Baujahr:	1968 – 1972
Motor:	V8
Hubraum:	3499 – 6330 ccm
Leistung:	200 – 250 PS
Getriebe:	Viergang-Handschalter, Viergang-Automatik
Antrieb:	Hinterräder
Gewicht:	1610 – 1830 Kilogramm
Vmax:	210 – 221 km/h

Wilhelm Kissel, geboren am 22. Dezember 1885 in Haßloch, wird nach einer kaufmännischen Lehre und dem Besuch der Handelshochschule Mannheim im Jahr 1904 „Korrespondent" bei Benz & Cie. 1907 wechselt er in die Einkaufsabteilung und steigt dort bis zum Prokuristen und Abteilungsdirektor auf. Nach der Ernennung zum Abteilungsdirektor 1921 kümmert er sich um den Wiederaufbau des Unternehmens nach dem Ersten Weltkrieg. Er ist treibende Kraft der 1926 erfolgten Fusion von Daimler und Benz zur Daimler-Benz AG. Kissel wird in den gemeinsamen Vorstand der Benz & Cie. und der Daimler-Motoren-Gesellschaft berufen. Am 1. Oktober 1937 wird SS-Mitglied Kissel offiziell „Vorstandsvorsitzender" bei Daimler-Benz. Er bleibt es bis zu seinem Tod 1942 – ob durch Selbstmord oder Herzinfarkt, ist unklar.

Wilhelm Haspel, geboren am 29. April 1898 in Stuttgart, wird im Januar 1924 Leiter der Kalkulationsabteilung bei der Daimler Motoren Gesellschaft. 1927 reorganisiert Haspel als Werksleiter in Sindelfingen das Karosseriewerk. Ende 1941 wird er zum Ordentlichen Vorstandsmitglied ernannt. Obwohl er mit einer jüdischen Frau verheiratet ist, hält die Firma entgegen den Vorstellungen des NS-Regimes an Haspel fest. Am 19. August 1942 wird er Daimler-Benz-Chef. Die Amerikaner entbinden ihn zwischen 1945 und 1947 von dieser Aufgabe, danach kann er wieder als Vorstandschef agieren. Seine wesentlichen Erfolge: ankurbeln des Nutzfahrzeuggeschäftes, die Pkw-Montage in Sindelfingen und der Exportmarkt. Sein Steckenpferd: der Motorsport. Am 6. Januar 1952 stirbt Haspel an einer Hirnblutung.

Heinrich Wagner, geboren am 23. August 1899 in Saarbrücken, beginnt am 1. Oktober 1922 seine Karriere bei Opel in Rüsselsheim. Er ist unter anderem Betriebsleiter verschiedener Abteilungen und technischer Werksdirektor. 1939 wird er Opel-Chef. Haspel holt ihn 1947 von Opel, damit er die Leitung der Werke Mannheim und Gaggenau übernimmt. Als exzellenter Fachmann moderner Fertigungsmethoden schafft er die Voraussetzungen für eine Serienfertigung auch bei Nutzfahrzeugen. 1952 wird er Vorstandsvorsitzender bei Daimler-Benz. Völlig überraschend stirbt er schon am 15. Januar 1953.

Fritz Könecke, geboren am 16. Januar 1899 in Linden, beginnt mit einer Lehre bei der Continental Gummi-Werke AG, es folgt ein betriebswirtschaftliches Studium. 1952 wechselt Könecke zur Daimler-Benz AG und übernimmt ein Jahr später den Posten des Vorstandsvorsitzenden. Er führt das völlig zerstörte Unternehmen in den Nachkriegsjahren klug, so dass es bald Anschluss an die internationale Automobilindustrie findet. Daimler-Benz verdankt Könecke vor allem den Ausbau der Exporte und Montagewerke in Indien, Brasilien und Argentinien. Nach dem Tod seines einzigen Sohnes zieht er sich 1960 ins Privatleben zurück. Er stirbt am 26. März 1979 in Stuttgart.

Walter Hitzinger, geboren am 8. April 1908 in Linz, beginnt seine Karriere 1935 bei der Steyr-Daimler-Puch AG in Österreich und übernimmt nach einer Station bei den Flugmotorenwerken Ostmark 1945 die Generaldirektion und den Vorsitz des Vorstandes des Österreichischen Lkw-Herstellers Saurer-Werke AG in Wien. Nach dem Zweiten Weltkrieg gründet er zunächst eine eigene Fabrik für elektrische Maschinen und wechselt 1952 zur Vereinigten Österreichischen Eisen- und Stahlwerke AG (VÖEST), Linz. Danach kommt er zu Daimler-Benz als Generaldirektor und ist dort ab 1961 Vorsitzender des Vorstands. Er verlässt im Februar 1966 das Unternehmen. Hitzinger stirbt am 26. Juli 1975 in Bad Ischl nach schwerer Krankheit.

Joachim Zahn, wird am 24. Januar 1914 geboren und nach Abschluss des Studiums der Rechtswissenschaften Regierungsrat. Nach diversen Stationen ruft ihn Daimler-Benz 1958 in den Vorstand, dessen Chef er 1971 wird. Seine wichtigsten unternehmerischen Entscheidungen sind die Trennung von der Auto Union, die Bestimmung des Werkes Wörth zum zentralen Lkw-Montagewerk, die Konzentration der Großmotorenfertigung in Friedrichshafen, die Zusammenarbeit mit MAN, die zur Gründung der MTU führt und die Übernahme der Vertriebsorganisation in den wichtigsten Exportländern in die eigene Verantwortung des Unternehmens. In der Ära Zahn steigt der Umsatz der Daimler-Benz AG von 2,9 Milliarden auf mehr als 27 Milliarden Mark im Jahr 1979, das Eigenkapital wächst von 180 Millionen auf 3,2 Milliarden Mark. Zahn stirbt am 8. Oktober 2002 in München.

Gerhard Prinz, geboren am 5. April 1929 in Solingen, studiert Wirtschafts- und Rechtswissenschaften und promoviert. Nach Stationen bei der Klöckner-Werke AG und der deutschen Brown, Boveri & Cie. AG wechselt er zur Volkswagen AG und ist dort bis 1973 Vorstandsmitglied mit der Verantwortung für alle in- und ausländischen Beteiligungen. Gleichzeitig ist er Chef der Audi NSU Auto-Union AG 1972/73. Prinz wechselt am 1. Januar 1974 zu Daimler-Benz als Material-Vorstand, im Januar 1980 erfolgt die Ernennung zum Vorsitzenden des Vorstandes. Er stirbt am 29. Oktober 1983 in Stuttgart an einem Herzinfarkt.

Werner Breitschwerdt, geboren am 23. September 1927 in Stuttgart, studiert Elektrotechnik. Er geht im April 1953 „zum Daimler" und wird 20 Jahre später zum Direktor Pkw-Aufbauten ernannt. Anfang 1977 übernimmt er das Vorstands-Ressort Forschung und Entwicklung und prägt entscheidend die Fahrzeugsicherheit und den Insassenschutz. 1983 wird er Daimler-Chef. Während seiner Amtszeit erhöht sich der Weltumsatz des Konzerns um mehr als 60 Prozent, der Konzernjahresüberschuss steigt um fast 80 Prozent auf rund 1,7 Milliarden Mark. Gleichzeitig entstehen bei der Daimler-Benz AG rund 16.000 neue Arbeitsplätze.

Edzard Reuter, geboren am 16. Februar 1928 als Sohn des Berliner Oberbürgermeisters Ernst Reuter, studiert zunächst unter anderem Mathematik und Physik. Reuter geht 1964 zur Daimler-Benz AG, im Juli 1987 wird er dort Vorstandschef. Bei seinem Amtsantritt bekennt er sich zu einer „offenen" Unternehmenskultur und propagiert den Umbau der Firma zum „integrierten Technologiekonzern". Der gesamte Verlust dieses Konzernumbaus von Daimler-Benz durch Käufe, Betriebsverluste bei den neuen Gesellschaften und Wertberichtigungen (MAN, AEG, MBB) summiert sich später auf rund 36 Milliarden Mark. Die neue Konzernzentrale in Stuttgart-Möhringen, von Reuter-Nachfolger Schrempp als „Bullshit Castle" kritisiert, kostet 300 Millionen Euro. Reuter bleibt bis 1995 Daimler-Chef.

Jürgen Schrempp, geboren am 15. September 1944 in Freiburg im Breisgau, ist echtes Daimler-Gewächs: Er absolviert dort zunächst eine Lehre zum Automechaniker, studiert anschließend Ingenieurwesen und kehrt 1967 „zum Daimler" zurück. Nach verschiedenen Stationen in Südafrika wird Professor Jürgen Schrempp Vorstandschef der Daimler-Benz Aerospace AG, bevor er am 24. Mai 1995 den Daimler-Chefsessel erklimmt. Er stellt sofort das Automobilgeschäft wieder in den Mittelpunkt der Firma. Unter seiner Regie erfolgt 1998 die „Hochzeit im Himmel" mit Chrysler zur DaimlerChrysler AG, die allerdings scheitert. Am 28. Juli 2005 gibt Schrempp bekannt, dass er Ende des Jahres seinen Chefposten aufgeben will – der Konzern sei nun gesund.

Dieter Zetsche, geboren am 5. Mai 1953 in Istanbul, erbt den Chefsessel von Schrempp. Zetsche studiert Elektrotechnik und verstärkt 1976 den Daimler-Forschungsbereich. Ab 1984 ist er in der Nutzfahrzeug-Entwicklungsleitung zuständig für die Koordination der Entwicklungstätigkeit im Ausland. 1986 übernimmt er die Entwicklungsverantwortung der Mercedes-Geländewagen. Von 1987 bis 1992 arbeitet er in den USA, bevor er zum stellvertretenden Mercedes-Benz-Vorstand Pkw-Entwicklung bestellt wird. Ab 1995 ist er Daimler-Vorstandsmitglied, im Januar 2006 wird er dort Vorstandschef. Nach der Trennung von Chrysler im Oktober 2007 ist er in gleicher Funktion in der neu gegründeten Daimler AG tätig. Im Mai 2019 übergibt er das Amt seinem Nachfolger.

Ola Källenius, muss sich als Daimler-AG-Chef noch beweisen – er hat den Job erst seit Mai 2019. Källenius wird am 11. Juni 1969 in Västervik, Schweden, geboren. Seine Daimler-Karriere startet im Jahr 1993 bei der Daimler-Benz AG in der „Internationalen Nachwuchsgruppe". 2010 wird er AMG-Chef, im Oktober 2013 wird er Mercedes-Benz-Vertriebsvorstand. Zum 1. Januar 2015 wird er in gleicher Funktion in den Daimler-AG-Vorstand berufen, seit 1. Januar 2017 ist er Vorstand des Bereichs „Konzernforschung und Mercedes-Benz Cars Entwicklung". Seine Haupt aufgabe als oberster Daimler-Boss wird sein, den Konzern ins elektrische Zeitalter zu führen.

Crashtests und Turbodiesel (1971 – 1980)

CRASHTESTS UND TURBODIESEL

Die Deutschen lieben ihre Autos zu Beginn des neuen Jahrzehnts: Neun von zehn Autobesitzern waschen hierzulande ihr Schmuckstück per Hand, meistens sonnabends und besonders gern vor der eigenen Haustür. Die Lkw-Branche wirbt 1971 erstmals mit der Werbefigur „Brummi" um Sympathien, und die IAA fällt wegen Geldmangels aus. Woanders ist Geld vorhanden, zum Beispiel für das erste „Auto", das nicht für diese Welt ist: Am 1. August 1971 landet das Lunar Roving Vehicle auf dem Mond. Es besitzt an jedem Rad einen Elektromotor.

Daimler-Benz meldet am 23. Oktober das Airbag-System zum Patent an. Mercedes startet außerdem das „ESV-Programm": Es steht für „Experimental Safety Vehicle" und bezeichnet Versuchsfahrzeuge mit Dreipunkt-Automatikgurten, Gurtkraftbegrenzer, Gurtstraffer und die ersten Airbags für Fahrer und Beifahrer.

1972 stellt Mercedes-Benz mit dem LE 306 den ersten Elektro-Transporter vor, in Esslingen ist ab Mai ein Elektro-Versuchsbus (OE 302) unterwegs. Und in den USA stellt Mercedes-Benz das Sicherheitsfahrzeug ESF 13 vor. Am 13. März 1973 präsentiert Mercedes-Benz in Kyoto dann sein vielbeachtetes Experimental-Sicherheits-Fahrzeug ESF 22 der Öffentlichkeit und gibt erstmals Belegschaftsaktien an die Mitarbeiter heraus. Inzwischen gehören bei Mercedes Dreipunkt-Automatikgurte und Kopfstützen an den Vordersitzen zur Serienausstattung. Die Firma macht auch den ersten Offset-Crashtest. Außerdem werden erste Kinder-Rückhalteeinrichtungen eingebaut. Aufregung gibt es allerdings intern: Schon im Vorjahr hat Kuwait 14 Prozent der Daimler-Benz-Aktien gekauft, jetzt will die Familie um Friedrich Flick dem Iran 39 Prozent verkaufen. Die SPD und die Großfinanz vereiteln dies: Flick behält zehn Prozent, die Deutsche Bank kauft 29 Prozent. Im Juli 1974 wird erstmals ein Fünfzylinder-Diesel-Motor in einem Serienfahrzeug verwendet, und zwar im Mercedes 240 D 3.0.

Für 1975 besagt die Statistik, dass nur etwa 20 Prozent aller in Deutschland zugelassenen Autos Frauen gehören und dass inzwischen mehr als 46 Prozent aller Autos weltweit mit Vorderradantrieb ausgerüstet sind. Am 17. Juni verlängert die Daimler-Benz AG die Garantie für ihre Autos auf ein Jahr ohne Kilometer-Begrenzung.

Der vermutlich erste elektronische Tempomat taucht im Mercedes 450 SEL 6.9 auf. Es regt das Volk aber mehr auf, dass Taxen nicht mehr schwarz lackiert werden dürfen – in Deutschland wird die Farbe „Hellelfenbein" (RAL 1015) vorgeschrieben. Den Fahrern wird außerdem untersagt, mit den Fahrgästen zu sprechen. Zu dieser Zeit verkehren 46.000 Taxen im Land. 70 Prozent davon sind Mercedes-Fahrzeuge, zwei Drittel aller Taxen besitzen einen Diesel-Motor.

Rund 60 Prozent aller Haushalte in Deutschland verfügen 1976 über ein Auto, fünf Prozent besitzen gar einen Zweitwagen. Etwa 54 Prozent aller Erwachsenen haben einen Führerschein. Am 8. November 1977 gründet der Autotuner Bodo Buschmann gemeinsam mit seinem Studienkollegen Klaus Brackmann in Bottrop seine Firma Brabus (Brackmann/Buschmann). Das wird später der größte und erfolgreichste Mercedes-Tuner in privater Hand. Ungefähr zu dieser Zeit läuft der viermillionste Mercedes-Benz vom Band. Daimler-Benz beginnt mit dem Bau des ersten Serienautos mit Turbodieselmotor: Der Mercedes-Benz 300 SD wird aber nur in die USA geliefert.

1977 läuft im Werk Düsseldorf der 300.000. Mercedes Transporter vom Band, und am 5. September wird Dr. Hanns-Martin Schleyer entführt. Er ist Arbeitgeberpräsident und Vorstandsmitglied der Daimler-Benz AG. Er wird am 18. Oktober von Mitgliedern der „Rote Armee Fraktion" ermordet. Im April 1978 beginnt Daimler-Benz mit der Produktion des Mercedes T-Modells und macht damit Kombis salonfähig. Bislang galten solche Karosserievarianten als typische Handwerkerautos.

Am 10. Juli geht das erste deutsche elektronische Anti-Blockier-System (ABS) in Produktion. Es wird aber erst am 22. August von Bosch der Öffentlichkeit vorgestellt. Die Elektronik lässt jedes Rad zehn Mal pro Sekunde einzeln stottern. Die S-Klasse (W 116) ist das erste Auto mit serienmäßigem ABS. Die Bundesrepublik führt am 21. November die „Verordnung über allgemeine Richtgeschwindigkeit auf Autobahnen und ähnlichen Straßen" ein. Die Richtgeschwindigkeit ist eine Tempoempfehlung auf Straßen ohne Tempolimit, die auch bei günstigen Straßen-, Verkehrs-, Sicht- und Wetterverhältnissen nicht überschritten werden soll. Allerdings zieht eine Überschreitung keine Strafe nach sich – es sei denn, dass hohe Geschwindigkeit ein Unfallgrund ist.

1979 kündigt sich die zweite Energiekrise an. Deshalb steigt 1980 der Literpreis Benzin erstmals auf mehr als eine Mark. Das ist allerdings kein Grund, dass die Autos im nächsten Jahrzehnt nicht immer stärkere Motoren bekommen. Und auch nicht dafür, das G-Modell nicht auf den Markt zu bringen – ein luxuriöser Offroader, der später Kultstatus erringen wird.

Größtmöglicher Komfort bei bis dahin unerreichter passiver Sicherheit: Als erstes Auto weltweit verfügte der W 116 ab 1978 serienmäßig über ein vollelektronisches Antiblockiersystem von Bosch.

Mercedes-Benz 280 SL, 350 SL, 380 SL, 450 SL

Im Stil der bald darauf folgenden „S-Klasse" kommt der 350 SL im Jahr 1971 als Nachfolger des Roadsters 280 SL für rund 30.000 Mark. Unter der langen Haube steckt ein 3,5-Liter-V8, aber auch der Rest hat es in sich: Von der Schräglenker-Pendelachse über das Vierspeichen-Sicherheitslenkrad bis zu den geriffelten Heckleuchten, deren besondere Form das Verschmutzen verhindern soll und die auch in die S-Klasse und in die Strichachter-Reihe Einzug halten, spricht alles für ein neues Zeitalter bei Daimler-Benz.
1973 folgt der 450 SL mit dem großen V8, der schon seit geraumer Zeit in US-Varianten angeboten wird. Das Downsizing in Form des 280 SL kommt 1974 nach der ersten Ölkrise – zumal der Sechszylinder mit den gleichen Fahrleistungen lockt wie der 3,5-Liter-V8, aber weniger Kraftstoff verbraucht. Es folgt zuletzt der 500 SL mit 240 PS. 1980 gibt es eine Modellpflege, wobei Fünfgang-Schaltgetriebe die mit vier Gängen ersetzen. 380er und 500er sind dann nur noch mit Automatikgetriebe zu haben. Der 500 kostet zum Schluss 90.800 Mark. Der US-Markt wird ab 1985 noch mit einem 560 SL beglückt, der 230 PS bietet dank 5,6-Liter-V8 mit Katalysator.

Technische Daten	
Code:	R 107
Bauart:	Roadster
Baujahr:	1971 – 1989
Motor:	R6, V8
Hubraum:	2746 – 4973 ccm
Leistung:	185 – 240 PS
Getriebe:	Vier- und Fünfgang-Handschalter, Viergang-Automatik
Antrieb:	Hinterräder
Gewicht:	1560 – 1690 Kilogramm
Vmax:	207 – 225 km/h

Mercedes-Benz 230/4, 240 D, 240 D 3.0, 280, 280 C, 280 E, 280 CE

1972 erhält die Strichachter-Familie Zuwachs. Die 280er-Modelle runden das Programm nach oben ab mit dem 2,8-Liter-Zweinockenwellenmotor. Auf Wunsch sind eine Fünfgang-Handschaltung oder ein Automatikgetriebe zu haben. 1973 gibt es Änderungen beim Diesel: Der 240 D mit 65 PS kommt und etabliert sich besonders als Taxi. Wegen vieler Kundenbeschwerden aufgrund des rauen Motorlaufs beim 220 baut Daimler-Benz einen neuen kurzhubigen Vierzylinder ein, die Modellbezeichnung lautet jetzt 230/4. Weil der 230 noch weitergebaut wird, erhält der den Zusatz 230/6. Neu sind die Coupé-Varianten 280 C und 280 CE (Einspritzerversion). Top-Diesel ist der 240 D 3.0 mit 80-PS-Fünfzylinder-Motor.

Technische Daten	
Code:	W 114, W 115
Bauart:	Limousine, Coupé
Baujahr:	1972 – 1976
Motor:	R4, R6, R4-Diesel, R5-Diesel
Hubraum:	2277– 3005 ccm
Leistung:	65 – 185 PS
Getriebe:	Viergang-Handschalter
Antrieb:	Hinterräder
Gewicht:	1425 – 1480 Kilogramm
Vmax:	130 – 200 km/h

Mercedes-Benz 280 S, 280 SE, 280 SEL, 350 SE, 350 SEL, 450 SE, 450 SEL, 450 SEL 6.9

Unter W 116 können sich nicht alle Autofans etwas vorstellen – unter „erste S-Klasse" dagegen schon: Die neue Modellreihe, Ende 1972 begonnen mit 280 S, 280 SE und dem 350 SE mit V8, ist sowohl vom Design her als auch technisch ausgezeichnet gelungen. Unter der aufregenden Karosserie steckt als Novum hinten eine neue Schräglenker-Pendelachse. Schon das Basismodell 280 S (23.800 Mark) ist mit vielem ausgestattet, was der Fahrer von Welt wünscht, das Fahrverhalten ist sicher und der Komfort bestens. Ein paar Monate später folgen die stärkere Variante 450 SE und die Langversion 450 SEL, auch die zehn Zentimeter längeren 280 SEL und 350 SEL werden bald darauf angeboten. Als Power-Version toppt im Mai 1975 der 450 SEL 6.9 die Modellreihe – für 70.000 Mark gibt es einen V8 mit 286 PS und Automatikgetriebe, der trotz seiner fast zwei Tonnen Gewicht 225 km/h rennt. 7380 Kunden greifen zu. Das meistverkaufte Modell aber ist der 280 SE mit mehr als 150.000 Einheiten. Eine Besonderheit ist übrigens der 300 SD mit 115 PS starkem Fünfzylinder-Turbodiesel. Der wird absichtlich ausschließlich auf dem US-Markt angeboten und dort ein voller Erfolg – knapp 30.000 Stück finden ihre Liebhaber.

Technische Daten	
Code:	W 116
Bauart:	Limousine
Baujahr:	1972 – 1980
Motor:	R6, V8
Hubraum:	2746 – 4520 ccm
Leistung:	156 – 286 PS
Getriebe:	Viergang-Handschalter, Dreigang-Automatik
Antrieb:	Hinterräder
Gewicht:	1725 – 1985 Kilogramm
Vmax:	205 – 225 km/h

Mercedes-Benz 280 SLC, 350 SLC, 380 SLC, 450 SLC, 450 SLC 5.0

Warum nicht mal ein zweitüriges Familiencoupé mit vier Sitzen auf Basis des Roadsters? So ähnlich müssen die Ingenieure denken, als sie die SLC-Reihe schaffen. Das Festdach-Coupé ist Nachfolger des wesentlich größeren SE-Coupés, und nicht jeder findet die Form mit den merkwürdigen Kiemen hinten an den C-Säulen gelungen. Da jedoch der Radstand größer ist als beim Roadster, lassen sich die Coupés besser fahren. Eineinhalb Jahre später gesellt sich der 450 SLC hinzu, parallel zum 280 SL kommt der 280 SLC. Top-Modell ist der 450 SLC 5.0 mit auf fünf Liter vergrößertem V8. Die allgemeinen Mercedes-Neuerungen des Jahres 1980 kommen letztlich auch den SLC-Modellen zugute. Innen allerdings macht sich ein klobiges Lenkrad statt eines feinen Volants breit, statt Holz schmuckloser Kunststoff. Für die Coupés zahlt man zwischen 3700 und 5200 Mark mehr als für die offenen Versionen, zu denen ein Hardtop gehört.

Technische Daten	
Code:	C 107
Bauart:	Coupé
Baujahr:	1974 – 1981
Motor:	R6, V8
Hubraum:	2746 – 4973 ccm
Leistung:	185 – 240 PS
Getriebe:	Vier-und Fünfgang-Handschalter, Viergang-Automatik
Antrieb:	Hinterräder
Gewicht:	1610 – 1690 Kilogramm
Vmax:	205 – 225 km/h

Mercedes-Benz 200, 230, 230 E, 250, 280, 280 E

Mit einer ganzen Palette von Varianten seiner neuen Mittelklasse überflutet Daimler-Benz Deutschland und die Welt: Der W 123 startet zu seinem Siegeszug. Der Nachfolger des Strichachters kommt erstmals völlig serienmäßig nicht nur als Limousine und Coupé, sondern später auch als Kombi, das bei Mercedes nur T-Modell heißt. Der W 123 ist etwas flacher als sein Vorgänger, etwas länger und natürlich größer. Erstmals verzichtet Mercedes auf einen Fahrschemel an der Vorderachse.

Der Einstieg kostet zunächst 18.400 Mark, dafür gibt es aber auch nur 94 PS. Bis Januar 1984 steigt der Preis auf 27.500 Mark. Es folgen die Varianten 230, 230 E sowie 250 und 280, die bereits mit Sechszylindern ausgestattet sind. Top-Modell ist der 280 E mit zunächst 177 PS, nach einer Modellpflege im Jahr 1978 sind es 185 PS.

Technische Daten	
Code:	W 123
Bauart:	Limousine
Baujahr:	1976 – 1985
Motor:	R4, R6
Hubraum:	1988 – 2746 ccm
Leistung:	94 – 185 PS
Getriebe:	Viergang-Handschalter
Antrieb:	Hinterräder
Gewicht:	1390 – 1510 Kilogramm
Vmax:	160 – 200 km/h

Mercedes-Benz 200 D, 220 D, 240 D, 300 D

Nach den guten Diesel-Erfahrungen der Firma mit dem selbstzündenden Strichachter kommt vom W 123 natürlich auch eine ganze Reihe von Dieselvarianten. Leider hat der 200 D nicht mehr PS als der Vorgänger, obwohl er etwas schwerer geworden ist – 55 PS machen nicht wirklich Spaß bei einem modernen, aber mehr als 1,4 Tonnen schweren Auto. Deswegen bekommt der 200 D 1979 ein paar PS mehr, was den 220 D überflüssig macht. 1976 kostet ein 200 D 500 Mark mehr als das Benzin-Pendant. Ab 1977 gibt es auch eine Langversion vom 240 D. Der meistverkaufte W 123 wird der 240 D mit mehr als 450.000 Exemplaren, vom 200 D werden knapp 380.000 Stück gebaut. Davon wird ein Großteil als Taxi genutzt. Für alle Versionen ist ein Automatikgetriebe zu haben.

Technische Daten	
Code:	W 123
Bauart:	Limousine
Baujahr:	1976 – 1985
Motor:	R4-Diesel, R5-Diesel
Hubraum:	1988 – 3005 ccm
Leistung:	55 – 80 PS
Getriebe:	Viergang-Handschalter
Antrieb:	Hinterräder
Gewicht:	1430 – 1495 Kilogramm
Vmax:	125 – 149 km/h

Mercedes-Benz 230 C, 230 CE, 280 C, 280 CE

Ab 1977 bietet Daimler-Benz den W 123 als Coupé an. Wirkt beim Strichachter diese Karosserieform wie eine kupierte Limousine (was sie wegen gleichem Radstand auch ist), gerät die Form des C 123 eindeutiger, flüssiger. Als 200er ist das Coupé nicht zu haben, das gibt es erst mit dem sportlicheren 2,3-Liter-Motor. Der Preis für den 230 C beginnt bei 25.100 Mark, für den 280 CE als Top-Modell muss man schon 31.800 Mark ausgeben. Einen 300 CD mit 80 PS starkem Dreiliter-Diesel wird nur in den USA verkauft, ebenso der 125 PS starke 300 CD Turbodiesel. Von den Coupé-Derivaten werden insgesamt fast 99.884 Stück gebaut.

Technische Daten	
Code:	C 123
Bauart:	Coupé
Baujahr:	1977 – 1985
Motor:	R4, R6
Hubraum:	2307 – 2746 ccm
Leistung:	109 – 185 PS
Getriebe:	Viergang-Handschalter
Antrieb:	Hinterräder
Gewicht:	1400 – 1510 Kilogramm
Vmax:	170 – 200 km/h

Mercedes-Benz 200 T, 230 T, 230 TE, 250 T, 280 TE

Erstmals baut Mercedes einen eigenen Kombi und nennt die Konstruktion „T-Modell". Das steht eigentlich für „Transport", wird aber von den Kunden auch als „teuer" übersetzt. Das ist nicht falsch, und vielleicht auch deshalb führt Daimler-Benz mit dem T-Modell die Kombis allgemein heraus aus der „Handwerker-Ecke", denn sie werden plötzlich begehrt und auch als Reisewagen für große Familien akzeptabel. Wie bei allen Mercedes ist die Verarbeitung bestens, das Design ist gelungen. Die Palette beginnt zunächst mit dem 230 T für 24.000 Mark, das sind 4800 Mark mehr als eine 230er-Limousine kostet. Erst 1980 kommt das Basismodell, der 200 T, hinzu. Das erste T-Modell wird – inklusive der Dieselversionen – insgesamt gut 200.000 verkauft.

Technische Daten	
Code:	S 123
Bauart:	Kombi
Baujahr:	1978 – 1985
Motor:	R4, R6
Hubraum:	1997 – 2746 ccm
Leistung:	109 – 185 PS
Getriebe:	Viergang-Handschalter
Antrieb:	Hinterräder
Gewicht:	1400 – 1575 Kilogramm
Vmax:	170 – 200 km/h

Mercedes-Benz 280 S, 280 SE, 280 SEL, 260 SE, 300 SE, 300 SEL, 380 SE, 380 SEL, 420 SE, 420 SEL, 500 SE, 500 SEL, 560 SEL

Die „Basiswagen" der neuen Mercedes-S-Klasse wird auf der IAA 1979 vorgestellt. Der 280 S mit Vergasermotor bringt ordentliche 156 PS auf die Hinterachse, der wesentlich beliebtere Einspritzer (280 SE) bietet schon 185 PS. Wer den SEL ordert, bekommt die Langversion, deren Radstand um 140 Millimeter länger ist – zunächst zu haben im 280er, 380er und 500er. Die langen Varianten gibt es ab 1985 auch im 300er, 420er und 560er.

Der Preis für die einfachste neue S-Klasse beträgt im September 1979 37.800 Mark für den 280 S mit 156 PS starkem Sechszylinder, der SE mit Einspritzer (185 PS) ist schon 3000 Mark teurer. Top-Modell ist der 500 mit 300 PS aus dem Fünfliter-V8. Das Auto kostet 1985 allerdings schon 121.400 Mark. Nach der Modellpflege erhalten die 126er-S-Klassen die später als „Sacco Bretter" bekannt gewordenen Seitenschutzleisten, benannt nach Chefdesigner Bruno Sacco.

Technische Daten	
Code:	W 126
Bauart:	Limousine
Baujahr:	1980 – 1981
Motor:	R6, V8
Hubraum:	2746 – 5547 ccm
Leistung:	156 – 300 PS
Getriebe:	Viergang-Handschalter
Antrieb:	Hinterräder
Gewicht:	1610 – 1900 Kilogramm
Vmax:	200 – 245 km/h

Werden die ersten vollwertigen allradgetriebenen Geländewagen von Mercedes-Benz ausschließlich fürs Militär entwickelt, ändert sich das Anfang der 1970er Jahre mit der G-Klasse. Angeblich haben die Macher der G-Klasse zunächst eher den Nutzfahrzeugmarkt im Auge als eine wohlsituierte Freizeitgesellschaft. Aber sie merken bald, wie groß der Markt ist. Jeep hat es bereits vorgemacht – der CJ wird seit 1944 als „Civilian Jeep" an Freizeitabenteurer verkauft, und auch die Land Rover erfreuen sich als Freizeitautos inzwischen großer Beliebtheit (auch wenn sie nicht für die Armee, sondern ursprünglich als Agrarhelfer entwickelt wurden).

Die Arbeit an einem Zivil-G beginnt 1972: Daimler-Benz geht einen Kooperationsvertrag mit Steyr-Daimler-Puch in Graz ein. 1975 beschließt der Vorstand den Serienbau des robusten Geländewagens in einem neuen Grazer Werk, wo Handarbeit angesagt ist. Am 1. Februar 1979 startet die Produktion.

Von Anfang an bringt Mercedes-Benz den G auf den Punkt – er wird für die wirklich schweren Aufgaben abseits befestigter Straßen geschaffen. Basis sind ein höchst robuster Kastenrahmen sowie fette Starrachsen mit Schraubenfedern und langen Federwegen. 80 Prozent Steigvermögen, 54 Prozent Schräglage, 21 Zentimeter Bodenfreiheit und Böschungswinkel von 36 Grad vorne und 27 Grad hinten sind gute Argumente für alles – von Waldpflege bis Weltreisen. Das Design wird dominiert von leicht produzierbaren glatten Flächen – letztlich wird das schrankige Aussehen des Geländespezialisten aber Kult. Im Juni 1992 wird bereits das 100 000. G-Modell gebaut. Heute ist die vierte Generation der G-Klasse auf dem Markt. Sie ist damit die längstlebige Modellreihe bei Mercedes-Benz.

Mercedes-Benz G 1

Der Mercedes-Benz G 1 ist nicht der erste Geländewagen von Mercedes (das ist der Dernburg-Wagen), aber der erste mit der Bezeichnung G und das Ergebnis des Willens der Reichswehr, ein geländegängiges Fahrzeug in den Fuhrpark aufzunehmen. Drei Firmen werden zur Entwicklung aufgefordert: Horch, Selve und Daimler-Benz. Weil die Militärs keine Ahnung von der Branche haben, glauben sie, so ein Auto müsse zwei angetriebene Hinterachsen für beste Geländegängigkeit besitzen. Das Ergebnis bei Mercedes ist der G 1 für einen bis sieben Passagiere mit 800 Kilogramm Nutzlast. Das schwäbische Ergebnis befriedigt die Chef-Soldaten jedoch nicht – letztlich gewinnt die Horch-Entwicklung. Dessen Konstrukteur ist ausgerechnet der bei Daimler-Benz in Misskredit geratene Paul Daimler.

Technische Daten	
Code:	W 103
Bauart:	Geländewagen
Baujahr:	1926 – 1928
Motor:	R6
Hubraum:	3079 ccm
Leistung:	50 PS
Getriebe:	Fünfgang-Handschalter
Antrieb:	vier Hinterräder
Gewicht:	2400 Kilogramm
Vmax:	60 km/h

Mercedes-Benz 230 G, 230 GE, 280 GE, 240 GD, 300 GD

Nach reiflicher Überlegung und langer Planungszeit bietet Mercedes-Benz ab 1979 einen Full-size-Geländewagen an, der zwar für den zivilen Markt, aber doch eher als Arbeitsgerät gedacht ist. Der Einstieg in die G-Welt beginnt 1979 mit dem 230 G, der einen 2,3-Liter-Vergaser-Vierzylinder mit 90 PS unter der Haube trägt, was ihn als 1870 Kilogramm schweren offenen Wagen mit kurzem Radstand in 24 Sekunden auf 100 km/h bringt und dem Piloten ein Spitzentempo von 131 km/h verspricht. Der GE kommt mit Einspritzmotor und 125 PS, der 280 GE (ersetzt 1982 den 230 G) hat einen Sechszylinder-Einspritzer mit 156 PS ab 1980.
Die Dieselmodelle 240 GD und 300 GD werden bis 1991 angeboten, wobei der 240 GD mit einem 72 PS starken Vierzylinder-Vorkammerdiesel ausgerüstet ist. Der Dreiliter-Diesel ist ein Reihenfünfzylinder mit drei Litern Hubraum. Für 32.600 Mark bekommt man 1979 einen kurzen Kombi mit kleinem Motor, der lange Stationswagen mit Dreiliter-Diesel kostet 39.900 Mark. Der Allradantrieb ist genauso zuschaltbar wie die beiden Differenzialsperren.
Bis 1989 lässt Mercedes-Benz die Typen 230 G, 230 GE und 280 GE bauen. Pro Jahr rund 10.000 Fahrzeuge zu verkaufen, wie zunächst geplant, schafft Daimler-Benz trotz großer Modellvielfalt nicht – nach der Einführung der G-Klasse sind es konstant etwa 6000 Stück. Erst 1991 ist komplett Schluss mit Baureihe 460.

Technische Daten	
Code:	W 460
Bauart:	Geländewagen
Baujahr:	1979 – 1991
Motor:	R4, R5 Diesel, R6
Hubraum:	2307 – 3005 ccm
Leistung:	72 – 156 PS
Getriebe:	Vier- und Fünfgang-Handschalter
Antrieb:	Allrad
Gewicht:	1870 – 2115 Kilogramm
Vmax:	131– 150 km/h

Mercedes-Benz 230 GE, 300 GE, 250 GD, 300 GD, 350 GD Turbodiesel, 500 GE, G 300 Turbodiesel, G 400 CDI, G 270 CDI, G 320 CDI, G 350 CDI, G 350 BlueTec

Technische Daten	
Code:	W 463
Bauart:	Geländewagen
Baujahr:	1990 – 2018
Motor:	R6, R6-Turbodiesel, V6, V6-Turbodiesel, V8, V8-Biturbo-Diesel
Hubraum:	2298 – 5461 ccm
Leistung:	94 – 422 PS
Getriebe:	Fünfgang-Handschalter, Vier-, Fünf- und Siebengang-Automatik
Antrieb:	Allrad
Gewicht:	2275 – 3300 Kilogramm
Vmax:	132 – 210 km/h

Weil Personenkraftwagen neuen Bestimmungen unterliegen wie der Notwendigkeit von ABS und Airbags und weil die Kunden auch bei Geländewagen Komfort mehr und mehr zu schätzen wissen, beginnt Daimler-Benz ab 1987, über eine höherwertige G-Klasse nachzudenken. 1989 kommt die neue Baureihe W 463 – nach rund 75.000 gebauten „rustikalen" G-Modellen.
Mit der Erneuerung wandert die G-Klasse in die Personenwagensparte von Mercedes-Benz. Beim W 463 erzwingt ABS nun permanenten Allradantrieb, was aber auch die Fahrsicherheit erhöht. Zunächst sind fünf Motorenvarianten im Angebot – unter anderem zwei Benziner, wobei der 300 GE mit 177 PS den stärksten G markiert. 1993 setzt Mercedes-Benz mit dem 500 GE einen echten Hammer drauf. Das Top-Modell (außer den AMG-Varianten) bietet zuletzt 422 PS. Ab September 1993 werden die Wagen im Zuge der allgemeinen MB-Nomenklaturänderung umbenannt: Das G steht jetzt vor der Zahl. 1994 manifestiert Mercedes den Begriff „G-Klasse". 1995 läuft der G 500 aus, seine Rolle übernimmt der G 36 AMG. 1996 kommt der G 300 Turbodiesel, 1997 löst der neue V6 den Reihensechszylinder im G 320 ab. 2008 wird die G-Klasse neuerlich modernisiert. 2000 bekommt der G 320 CDI einen neuen V6-Diesel und heißt nun G 350 CDI.

2011 rüstet Mercedes-Benz die G-Diesel mit der BlueTec-Technologie aus – Harnstoffeinspritzung zur Abgasemissionssenkung. Der V6 im G 350 BlueTec leistet 210 PS. Wirklich übersichtlich ist das Modellangebot im Laufe der Zeit nicht – was dem Wagen nichts von seiner Faszination nimmt.

Mercedes-Benz 230 GE, 290 GD, 290 GD Turbodiesel

1992 bringt Mercedes-Benz die Baureihe W 461 auf den Markt, die weniger wohnlich ausgestattet ist und sich eher an professionelle Offroadnutzer wie Militärs und Förster wendet. Der 230 G ist zunächst nur mit 126 PS starkem Reihenvierzylinder, der 290 GD nur mit 95 PS schwachem Fünfzylinder-Diesel zu haben. Später bekommt er einen Turbodiesel mit 120 PS, der G 270 CDI wird von einem Reihenfünfzylinder Turbodiesel befeuert, der G 280 CDI mit einem V6-Turbodiesel, der dann doch stattliche 184 PS zur Verfügung stellt – stärker wird der W 461 dann auch nicht mehr. Er besitzt zuschaltbaren Allradantrieb, beim W 463 ist er permanent. Den W 461 gibt es mit drei Radständen und sieben Karosserie-Varianten. Erst 2013 ist der W 461 Geschichte – bis dahin wird der G 280/300 CDI Professional noch gebaut.

Technische Daten	
Code:	W 461
Bauart:	Geländewagen
Baujahr:	1992 – 2013
Motor:	R4, R5-Diesel, V6-Turbodiesel
Hubraum:	2298 – 2874 ccm
Leistung:	95 – 184 PS
Getriebe:	Fünfgang-Handschalter
Antrieb:	Allrad
Gewicht:	1930 – 2080 Kilogramm
Vmax:	132 – 145 km/h

Mercedes-Benz G 350 d, G 500

2018 ist es Zeit für eine völlig neue G-Klasse – auch wenn auf den ersten Blick das Design weitgehend beibehalten wird. Die Fans lieben eben den Wandschrankstyle. Es bleiben unter anderem die markanten Türgriffe, die Außenschutzleiste und das Ersatzrad an der Hecktür. Der neue G wird allerdings 53 Millimeter länger und 121 Millimeter breiter als der Vorgänger. Optisch auffällig sind besonders die LED-Scheinwerfer. Natürlich besitzt das Auto zahlreiche moderne Fahrassistenzsysteme und ein ganz neu entwickeltes Fahrwerk, bei dessen Entwicklung AMG mithilft: Die G-Klasse fährt jetzt mit Einzelradaufhängung mit Doppelquerlenker vorn und einer Starrachse hinten. Es gibt nach wie vor drei Differenzialsperren und eine Geländeuntersetzung. Drei Varianten sind zu haben: der G 350 d mit 286 PS aus einem Sechszylinder-Turbo, der G 500 mit 422 PS aus einem Vierliter-V8-Biturbo für knapp 110.000 Euro und den AMG-Brecher.

Technische Daten	
Code:	W 464
Bauart:	Geländewagen
Baujahr:	seit 2018
Motor:	R6-Turbodiesel, V8-Biturbo
Hubraum:	2925 – 3982 ccm
Leistung:	286 – 422 PS
Getriebe:	Neungang-Automatik
Antrieb:	Allrad
Gewicht:	bis 2429 Kilogramm
Vmax:	210 km/h

Mercedes-AMG G 63

Kaum gibt es ein ganz neues G-Modell, ist die AMG-Version nicht weit: Der G 63 hat mit 585 PS einen leistungsstarken Antrieb, AMG-spezifische Fahrprogramme, die neue AMG Ride Control und das neue Interieur mit der optionalen Widescreen-Optik. Der heckbetonte Antrieb besitzt drei Differenzialsperren, vorne gibt es eine Doppelquerlenker-Einzelradaufhängung. Der Vierliter-Biturbo-V8 löst den 5,5-Liter-Motor ab, der Sprint von 0 auf 100 km/h mit dem gut 2,5 Tonnen schweren Luxus-Geländewagen gelingt in 4,5 Sekunden unter anderem dank modifizierter Kolben, optimierter Ladeluftkühlung und diverser Software-Entwicklungen.

In normalen Fahrsituationen greift eine Zylinderabschaltung, die die Zylinder zwei, drei, fünf und acht stilllegen. Das Neunganggetriebe arbeitet mit extrem kurzen Schaltzeiten. Die Elektronik erlaubt auch den schweren Einsatz im Gelände, ein AMG 63 wurde bislang jedoch genau dort noch nicht so oft gesichtet. Die wenigsten Eigner werden also erleben, wie das Auto reagiert, wenn die Geländeuntersetzung eingeschaltet ist. Mit AMG-Drivers-Package rennt der Riese 240 km/h, sonst 220 km/h. Im Juni 2018 kostet das Auto fast 150.000 Euro.

Technische Daten	
Code:	W 463
Bauart:	Geländewagen
Baujahr:	seit 2018
Motor:	V8-Biturbo
Hubraum:	3982 ccm
Leistung:	585 PS
Getriebe:	Neungang-Automatik
Antrieb:	Allrad
Vmax:	220 km/h, 240 km/h

Mercedes-Benz G 500 4x4²

Mit dem G 500 4x4² zeigt Mercedes-Benz, was so alles machbar ist, wenn man Sportlichkeit mit Geländegängigkeit kombiniert. Optisch fällt zunächst die Höhe des Kultautos auf – die Bodenfreiheit beträgt 450 Millimeter, die Wattiefe gar 1000 Millimeter. Das verdankt das Auto dem Allradantriebsstrang und den Portalachsen des G 63 AMG 6x6. Eine Achse wurde für den 4x4² gekappt, ein neues variables Fahrwerk entwickelt und das Ganze mit einer Serienkarosserie eines G gekrönt. Für adäquaten Antrieb sorgt ein Vierliter-V8 mit zwei Turboladern, die zwischen dem Zylinder-V positioniert sind, das auch „heißes Innen-V" genannt wird. Doppelte Sidepipes beidseitig sorgen bei Last für bulligen V8-Sound. Im Gelände helfen drei jederzeit zu- oder abschaltbare Differenzialsperren und eine Geländereduktion im Verteilergetriebe. Die Dämpferverstellung stammt aus dem Rallyesport. Natürlich hat das Auto auch einen Sportmodus – mit 422 PS gelingt der Sprint des Dreitonners in beeindruckenden 7,4 Sekunden. Der Spaß kostet allerdings auch gut 230.900 Euro.

Technische Daten	
Code:	W 464
Bauart:	Geländewagen
Baujahr:	seit 2016
Motor:	V8-Biturbo
Hubraum:	3982 ccm
Leistung:	422 PS
Getriebe:	Siebengang-Automatik
Antrieb:	Allrad
Gewicht:	3021 Kilogramm
Vmax:	210 km/h

Mercedes-Maybach G 650 Landaulet

Natürlich hat Mercedes-Benz auch einen Geländewagen im Programm, für Kunden, die sonst schon alles haben – zum Beispiel den Mercedes-Maybach G 650 Landaulet. Maybach ist inzwischen keine eigene Marke mehr, sondern steht als Sub-Marke für die Topmodelle der Top-Baureihen – so auch beim G-Modell. Der Nachfolger von Sonder-Serien à la G 63 AMG 6x6 und G 500 4x4^2 zeichnet sich durch einen Zwölfzylinder aus, Portalachsen und ein elektrisches Softtop. Nur 99 Stück werden gebaut. Fast 4,5 Meter lang bietet das ungewöhnliche Supercar eine Bodenfreiheit von fast einem halben Meter. Die Fahrt verbringen die vorderen Insassen unter einem Festdach, die hinteren können das Softtop nutzen und den Himmel bewundern. Das macht deutlich: Der Wagen ist für diejenigen, die sich am liebsten fahren lassen, was auch der um 578 Millimeter größere Radstand beweist, der den Fondplätzen zugute kommt. Preis 2017: 750.000 Euro.

Technische Daten	
Code:	W 464
Bauart:	Geländewagen-Cabriolet
Baujahr:	seit 2017
Motor:	V12-Biturbo
Hubraum:	5980 ccm
Leistung:	630 PS
Getriebe:	Siebengang-Automatik
Antrieb:	Allrad
Gewicht:	ca. 3300 Kilo
Vmax:	180 km/h

S G 6501

Vision des „integrierten Technologiekonzerns“ (1981 – 1990)

S EM 7915
S EM 7923
S EL 4909
S EW 8037
S EW 8484

VISION DES „INTEGRIERTEN TECHNOLOGIEKONZERNS"

Das Kraftfahrtbundesamt in Flensburg registriert 1981 etwa 4,1 Millionen Personenwagen-Besitzerinnen in der Bundesrepublik. Rund 1,67 Millionen Unfälle werden gemeldet, dabei verletzen sich mehr als 362.000 Menschen und es gibt rund 11.600 Verkehrstote. Knapp 3,3 Millionen Autos und fast 300.000 Kombis werden produziert. Der Preis je Liter Normalbenzin beträgt durchschnittlich 138,3 Pfennige, die Autobahnlänge summiert sich auf mehr als 7500 Kilometer. Der Club of Rome – ein Zusammenschluss von Experten verschiedener Disziplinen aus mehr als 30 Ländern – orakelt, dass Mikroelektronik gleichermaßen ins Paradies und in die Hölle führen kann (und weiß nicht, wie recht er damit hat).

Musikalisch schwimmt sich Deutschland frei mit der aufkommenden Neuen Deutschen Welle, die völlig Belangloses wie „Dadada" von Trio oder Hubert Kahs „Sternenhimmel" hervorbringt. Auf dem Genfer Salon zeigt Daimler-Benz am 5. März als erster Hersteller den Airbag und den Sicherheits-Gurtstrammer als wichtige Bausteine der passiven Sicherheit. Ab dem 20. Juli sind beide serienmäßig in die S-Klasse eingebaut. Und der letzte gebaute 600er fährt direkt ins

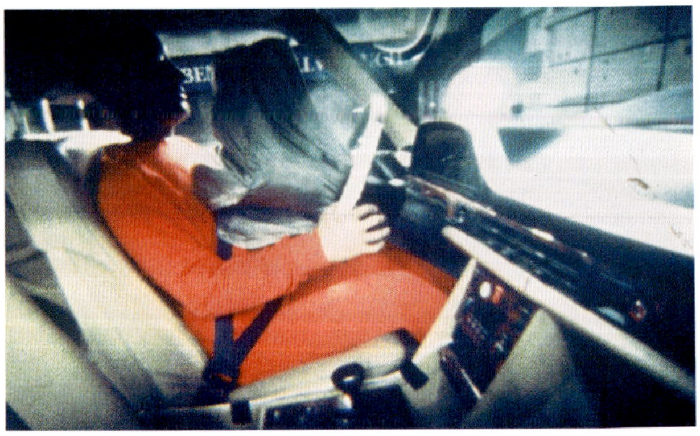

In Sindelfingen läuft am 31. Juli 1992 der einmillionste Mercedes-Benz-Pkw mit Airbag vom Band.

Ab 1986 neues Highlight im Mercedes-Programm: Unter dem Namen „4Matic" hält der elektronisch gesteuerte Allradantrieb Einzug in die Modellpalette der Stuttgarter.

Konzern-Museum. Dagegen muss die exaltierte Firma Excalibur Automobile schließen: Die Nachfrage nach den teuren und wundersamen Retro-Mercedes-Modellen geht drastisch zurück. Insgesamt sind seit 1964 rund 3200 Excalibur gebaut worden.

Mercedes-Benz stellt 1982 den „Baby-Benz" 190 vor. Diese Mittelklasse wird zunächst skeptisch aufgenommen, weil Mercedes angeblich noch nie zuvor so ein kleines Auto hergestellt hat – die Versuche in den 1930er Jahren sind praktisch vergessen. Und ein Song begeistert das Land: „Ich will Spaß, ich geb Gas" von Sänger Markus steht 24 Wochen in den Charts ganz oben. 1983 wird die erste Tempo-30-Zone versuchsweise in der Hansestadt Buxtehudes Innenstadt eingeführt. Und am 13. August starten drei Mercedes-Benz 190 E 2.3-16 auf der Hochgeschwindigkeitsstrecke im italienischen Nardo zur Rekordjagd. Der beste schafft in 201 Stunden 50.000 Kilometer mit einem Schnitt von 247,939 Stundenkilometern.

Mercedes präsentiert 1984 einen Personenkraftwagen mit Reihensechszylinder-Dieselmotor. Der 300 D leistet 109 PS. Das gleiche Modell mit Turbolader gibt es ein Jahr später, allerdings nur für die USA. Der Tuner Bodo Buschmann, Chef der Firma Brabus, überredet in diesem Jahr den Autovermieter Sixt, 200 getunte Mercedes 190 E in die Flotte aufzunehmen. Durch diesen Coup lernen viele Menschen getunte Mercedes kennen – und bestellen bei Brabus einen eigenen.

1985 beträgt der Weltbestand an Motorfahrzeugen 361 Millionen – da ist noch viel mehr drin. Das deutsche Patentamt erklärt den Dreipunktgurt zu einer der acht wichtigsten Erfindungen der vergangenen 100 Jahre. Die Mercedes der Baureihen 201 und 124 sind die vermutlich ersten Serienautomodelle, die Einarmscheibenwischer mit Hubsteuerung haben. Ebenfalls neu: Pedale mit Unfallschutz. Sie werden bei einem Unfall automatisch weggezogen.

Anlässlich des Jubiläums „100 Jahre Auto" präsentiert sich im Jahr 1986 das umgebaute Mercedes-Werksmuseum. Im Vordergrund ein Mercedes-Rennwagen von 1906.

Die „Tour del Sol“ für Solarmobile in der Schweiz gewinnt ein Solarmobil, das von den Daimler-Auszubildenden gebaut worden ist. Das Werk Untertürkheim stellt seinen zehnmillionsten Motor seit 1946 fertig. 1986 feiert die Welt „100 Jahre Auto“ – und es ist kein Ende abzusehen. Mercedes-Benz präsentiert sein umgebautes Museum, außerdem das Allradsystem 4Matic – ein Computer erkennt, wann sich die zweite Antriebsachse einschalten muss. Und die S-Klasse von Mercedes-Benz ist vermutlich die erste Modellreihe mit beheizbaren Waschdüsen.

1987 sind in Deutschland knapp 25 Millionen Autos in Betrieb, die Kunden bevorzugen bei Neuwagenkauf die „Farbe“ Grau. Grau ist allerdings auch die Luft in Berlin, die als erste deutsche Stadt die Smog-Warnstufe 1 ausruft. Unterdessen werden Vierventiler-Motoren langsam Standard, aber auch Spoiler und Schweller sind bei den Deutschen sehr beliebt. 1988 beginnt die Elektronik ihren Siegeszug im Auto: Die Antriebsschlupfregelung wird Massentechnologie, die Stotterbremse ABS zieht ins Motorrad ein. Im Februar bietet Daimler-Benz den Beifahrer-Airbag als Option an.

Im September beginnt der größte Modellversuch zur elektronischen Verkehrssteuerung: 700 Autos werden mit Bordcomputern ausgestattet. Ein zentraler Verkehrscomputer und 240 Kreuzungen werden mit Infraroteinrichtungen und Sendern versehen. Mit diesen Hilfsmitteln wird die kürzeste Fahrstrecke errechnet. Das System kann auch vor Baustellen und Staus warnen. Und Horacio Pagani, ehemaliger Rennfahrer und Konstrukteur, gründet die Firma Pagani Composite Research. Zu diesem Zeitpunkt beginnt er, seinen großen Traum zu verwirklichen: ein eigenes Supercar – mit Mercedes-V12 im Heck.

1989 werden nur noch Neuwagen mit Katalysator neu zugelassen. Der Mercedes SL besitzt als erstes Auto einen automatischen Überrollbügel, der beim Unfall nach oben schnellt. Und Nissan baut – zeitgleich mit Mercedes – das erste Fünfgang-Automatikgetriebe. Die Deutsche Aerospace wird gegründet als Zusammenschluss von der Dornier GmbH, MTU und AEG AG – jetzt alles eine hundertprozentige Tochter von Daimler.

Philips stellt mit „Carin“ 1990 das erste echte Navigationssystem vor, es arbeitet mit Satelliten und CDs. Als erster deutscher Automobilhersteller bietet Daimler-Benz im Mai seinen Kunden

mit der Mercedes-Card eine eigene Kunden-Kreditkarte an. Am 1. Juli wird die neue Konzernverwaltung in Stuttgart-Möhringen eingeweiht, kurze Zeit später der erste Spatenstich für das neue Werk Rastatt gesetzt. Kalifornien verordnet den folgenreichen Clean Air Act. Danach müssen ab 2003 zehn Prozent der zugelassenen Autos der jeweiligen Autohersteller in dem US-Bundesstaat emissionsfrei sein.

Schade ums Auto, gut für die Sicherheit: Überschlagtest mit einem SL der Baureihe R 129. Der ab 1989 angebotene Mercedes-Roadster hat als erstes Cabrio des Hauses einen automatisch aufklappenden Überrollbügel, der bei einem Unfall in 0,3 Sekunden ausgefahren wird. Auch das Fünfgangautomatikgetriebe ist eine Neuheit auf dem Automobilmarkt.

Mercedes-Benz 380 SEC, 420 SEC, 500 SEC, 560 SEC

Das ist schon ein Hammer, was da 1981 auf der IAA in Frankfurt bei Mercedes steht: die hochseriöse S-Klasse als Coupé. Zuerst gibt es den 380 SEC und den 500 SEC, also wahlweise 218 oder 245 PS, beide mit V8. Für die neuen Modelle muss der immer noch nicht unumstrittene SLC Platz machen. Mit der Überarbeitung der S-Klasse im Jahr 1985 kommt der 420 SEC mit 218 PS starkem V8 (204 PS mit Kat).
Top-Modell aber ist das 1780 Kilogramm schwere Super-Coupé 560 SEC mit 300 PS. Front- und Heckdeckel bestehen aus Aluminium, innen dominiert Walnusswurzelholz-Furnier, an Bord sind ABS, ab 1987 die Antriebsschlupfregelung ASR, ein Airbag. Den elektrischen Gurtbringer, Sitzheizung, Heckrollo, Klimaautomatik und Ledersitze gibt es auf Wunsch. Mit der Kraft und der Form und der Ausstattung schießen auch die Preise durch die Decke. Im Vergleich zum 500 SEL (also die schon teurere, lange Version) kostet das Coupé 16.500 Mark mehr.

Technische Daten	
Code:	C 126
Bauart:	Coupé
Baujahr:	1981 – 1992
Motor:	V8
Hubraum:	3818 – 5547 ccm
Leistung:	204 – 300 PS
Getriebe:	Viergang-Automatik
Antrieb:	Hinterräder
Gewicht:	1635 – 1780 Kilogramm
Vmax:	210 – 250 km/h

Mercedes-Benz 190, 190 E, 190 D, 190 E 2.3-16, 190 D 2.5, 190 E-2.6

Teuer und klein – aber gut: Als Mercedes-Benz 1982 mit dem „kleinen Benz" kommt, ist der Zuspruch der Kunden zunächst nicht so groß wie erwartet. Dabei hat der Wagen viele Vorteile: solide, beste Qualität, ein erstmals voll gekapselter Zweiliter-Dieselmotor im 190 D und mit dem 190 E 2.3-16 ein Sportmodell mit dem Reihenvierzylinder-Sechzehnventiler, so dass die Mittelklasse dank Cosworth-Hilfe locker 230 km/h rennt. Das 90 PS starke Einstiegsmodell 190 ist bald längst nicht so beliebt wie die Einspritzvariante, die zwar rund 3000 Mark mehr kostet, aber fünfmal so oft gekauft wird.

Das beste Image verspricht der 190 E 2.6, weil er den Sechszylinder aus der S-Klasse mit 166 PS unter der Haube trägt. Der 190 D 2.5 besitzt einen Fünfzylinder-Diesel, alle Modelle sind auch wahlweise mit einer Viergang-Automatik zu haben. Ab 1985 sind alle 190er mit Katalysatoren ausgerüstet, was sie etwas schwächer werden lässt. Die Preise bleiben aber die gesamte Bauzeit über gepfeffert: Man muss bei Erscheinen für das schwächste Benziner-Modell 25.600 Mark zahlen, die Sportversion kostet zuerst 49.600 Mark. 1982 ist der Baby-Benz sogar 300 Mark teurer als der größere W 123.

Technische Daten	
Code:	W 201
Bauart:	Limousine
Baujahr:	1982 – 1993
Motor:	R4, R4-Diesel, R5-Diesel, R6
Hubraum:	1997 – 2599 ccm
Leistung:	90 – 185 PS
Getriebe:	Vier- und Fünfgang-Handschalter
Antrieb:	Hinterräder
Gewicht:	1130 – 1310 Kilogramm
Vmax:	160 – 235 km/h

Mercedes-Benz 200, 200 E, E 200, 220 E, 230 E, 260 E, 280 E, 300 E, 400 E, E 420, 200 D, E 200 Diesel, 250 D, E 250 Diesel, 250 D Turbo, E 250 Turbodiesel, 300 D, E 300 Diesel, 300 D Turbo, E 300 Turbodiesel

Wie so viele Mercedes-Baureihen gilt auch der W 124 wieder einmal als „der letzte echte Benz": unerschütterlich, solide, bequem und überhaupt große Klasse. Auch als Young- und heute bald Oldtimer genießt er einen geradezu sagenhaften Ruf. Im Vergleich zum Vorgänger W 123 ist alles neu: die Karosserie, das Fahrwerk mit der sensationellen Raumlenkerhinterachse, die Motoren. Nur die bewährten 200er- und 230er-Motoren werden übernommen, 260 E und 300 E sind geschmeidige Sechszylinder.
Die Diesel sind ebenfalls neu – wobei man bei den Selbstzündern die Wahl zwischen vier, fünf und sechs Zylindern hat. Ein Jahr nach der Einführung des W 124 ist für einige Modelle mit bestimmten Motoren die Allradvariante „4Matic" zu haben, bei der sich die vordere Antriebsachse einschaltet, wenn Bedarf besteht. Dafür bezahlt der Kunde 13.300 Mark extra.
1985 ist die neue obere Mittelklasse auch als T-Modell zu haben, also als Kombi. Die Motoren entsprechen weitestgehend denen der Limousinen, auch hier sind die Sechszylindermodelle mit Allradantrieb zu haben. Natürlich ist der T teurer als die Limousine, 1985 im Falle des einfachen 200ers zum Beispiel um 4900 Mark, beim 300er sind es 4600 Mark. Top-Modell ist ab 1993 der 420 T mit 279 PS starkem V8. Der 500 E ab 1990 schreibt seine eigene Geschichte. Mehr als 2,5 Millionen Fahrzeuge der Baureihe 124 werden abgesetzt.

Technische Daten	
Code:	W 124, S 124
Bauart:	Limousine
Baujahr:	1984 – 1996
Motor:	R4, R4-Diesel, R5-Diesel, R6, R6-Diesel, V8
Hubraum:	1997 – 4196 ccm
Leistung:	72 – 279 PS
Getriebe:	Vier- und Fünfgang-Handschalter, Viergang-Automatik
Antrieb:	Hinterräder, Allrad
Gewicht:	1320 – 1700 Kilogramm
Vmax:	150 – 250 km/h

Mercedes-Benz E 200, 220 CE, E 220 Coupé, 230 CE, 300 CE, 300 CE-24, E 320 Coupé

In alter Tradition bietet Mercedes-Benz die obere Mittelklasse auch wieder als Coupé an, allerdings erst ab 1987. Das Modell gibt es aber weder als Diesel noch in allen Benziner-Varianten, sondern nur mit Vier- (118, 136, 150 PS) und Sechszylinder (179 und 220 PS). Der Radstand des Coupés ist um 8,5 Zentimeter kürzer als der der Limousine, was die gesamte Konstruktion zu einer eigenständigen Variante macht. Die Konstrukteure verzichten auf B-Säulen, weshalb rahmenlose Seitenscheiben möglich sind, die sich vollständig versenken lassen. Das garantiert nicht nur guten Durchzug durchs Interieur, sondern auch eine tolle Optik.

Technische Daten	
Code:	C 124
Bauart:	Coupé
Baujahr:	1987 – 1996
Motor:	R4, R6
Hubraum:	1996 – 3199 ccm
Leistung:	118 – 220 PS
Getriebe:	Vier- und Fünfgang-Handschalter, Viergang-Automatik
Antrieb:	Hinterräder
Gewicht:	1280 – 1490 Kilogramm
Vmax:	193 – 237 km/h

Mercedes-Benz SL 280, 300 SL, 300 SL-24, SL 320, 500 SL, SL 500, 600 SL, SL 600

Der Vorgänger R 107 wird extrem lange gebaut – aber irgendwann braucht auch er einen Nachfolger. Und der heißt R 129. Die Bodengruppe kommt vom W 124, das Design weist schon auf den kommenden W 140 hin, also die monumentale nächste S-Klasse. Neu im großen Roadster ist die Mehrlenkerhinterachse, aber auch der automatisch in 0,3 Sekunden reagierende Überrollbügel, der bei Gefahr des Überschlags hochklappt. Der anfangs angebotene Reihensechszylinder mit vier Ventilen pro Zylinder wird bald ausgewechselt gegen den Dreiventil-V6, der günstiger zu produzieren ist. Die Achtzylinder verlieren im Laufe ihres Daseins im SL ebenfalls ein Ventil je Topf (ab 1990).

Erstmals wird das Adaptive Dämpfer-System inklusive Niveauregulierung angeboten, aber nur als aufpreispflichtige Option. Neben perfekter Federung verspricht es auch das Tieferlegen der Karosserie bei mehr als 120 km/h, was der Aerodynamik nutzt. Neu sind auch die Sportsitze, bei denen die Gurte erstmals integriert sind. Außergewöhnlich ist, dass das serienmäßige Hardtop abbestellt werden kann, was etwas Geld spart. 1995 gibt es die erste Modellpflege, die unter anderem ESP (Ausnahme: SL 600), ein Glasdach-Hardtop sowie Xenon-Scheinwerfer als Option bringt. 1998 greift Mercedes wieder ein, ändert aber nur Details. Neben vielen Sondermodellen baut Daimler fast 205.000 SL der Baureihe R 129.

Technische Daten	
Code:	R 129
Bauart:	Roadster
Baujahr:	1989 – 2001
Motor:	R6, V6, V8, V12
Hubraum:	2799 – 5987 ccm
Leistung:	193 – 394 PS
Getriebe:	Fünfgang-Handschalter, Vier- und Fünfgang-Automatik
Antrieb:	Hinterräder
Gewicht:	1700 – 2050 Kilogramm
Vmax:	228 – 250 km/h

Mercedes-Benz 500 E, E 500

Als Mercedes-Benz auf dem Pariser Salon 1990 das Top-Modell des W 124 präsentiert, steht so manchem aus dem Fachpublikum der Mund offen: Haben die Stuttgarter doch glatt den V8 aus dem 500 SL in die Obere-Mittelklasse-Limousine gepackt. Mit 326 PS mutiert das Auto zur stärksten Serien-Limousine der Welt. Kein Wunder: Porsche hilft kräftig bei der Geburt. Die Sportwagenschmiede beteiligt sich nicht nur an der Entwicklung des Antriebes, sondern baut das Auto auch noch in Zuffenhausen.

Der 500 E kommt zwar dezent bulliger daher und liegt 23 Millimeter tiefer als die schwächeren Exemplare der Familie, aber besonders auffällig ist er nicht. Bei 250 km/h Spitze ist er abgeregelt, der Sprint wird in rund sieben Sekunden absolviert. Im Zuge der neuen Namensgebung erhält das Auto 1993 die Bezeichnung E 500. Anfangs kostet der Brecher 134.520 Mark, zum Schluss sind es 145.590 Mark. Trotz des hohen Preises verkauft Mercedes knapp 10.500 Exemplare (in der Zahl enthalten sind aber auch die E 60 AMG).

Technische Daten	
Code:	W 124
Bauart:	Limousine
Baujahr:	1990 – 1995
Motor:	V8
Hubraum:	4973 ccm
Leistung:	326 PS
Getriebe:	Viergang-Automatik
Antrieb:	Hinterräder
Gewicht:	1790 Kilogramm
Vmax:	250 km/h

Elchtest und „Hochzeit im Himmel“ (1991 – 2000)

TÜV
AUTOMOTIVE

ELCHTEST UND „HOCHZEIT IM HIMMEL"

Mit der deutschen Wiedervereinigung 1990 kommt zwar Freude auf – aber auch das eine oder andere Problem: Die Kosten zur Sanierung des ostdeutschen Straßennetzes werden 1991 auf 62 Milliarden D-Mark geschätzt. Die Bevölkerung lacht trotzdem, auch über den Film „Manta Manta", dem unzählige Mantafahrer- und Blondinenwitze folgen. Mercedes entscheidet sich in Sachen neue Teststrecke fürs norddeutsche Papenburg im Emsland.

Die Freude darüber wird allerdings bald getrübt: Ende 1992 muss Mercedes-Benz – erstmals in der Firmengeschichte – Kurzarbeit anmelden. Das Geschäft läuft nicht wie gewünscht, auch wenn in Rastatt das dritte Mercedes-Benz-Pkw-Werk eingeweiht wird. Unter „ferner liefen" missachten die Deutschen zu diesem Zeitpunkt dann auch noch einen Großversuch mit 60 Elektroautos von fünf verschiedenen Herstellern auf Rügen. In einem Forschungsvorhaben, das von der Bundesrepublik unterstützt wird, soll bis 1996 festgestellt werden, welche Batterien am besten geeignet sind. Hintergrund: Nicht mal 0,01 Prozent aller in Deutschland zugelassenen Autos sind elektrisch betrieben – das sind rund 4500 Stück. Schon damals eigentlich viel zu wenige …

Auf der Internationalen Automobilausstellung (IAA) in Frankfurt 1993 beginnt für Mercedes-Benz ein neues Kapitel – positiv wie negativ: Der Vision A 93, der Vorläufer der A-Klasse, wird vorgestellt. Dazu später mehr … In Fellbach wird

Vision A 93: Die erste Idee für eine A-Klasse lässt schon teilweise die spätere fertige Form vermuten.

das Oldtimer-Center eröffnet – ab 1996 besser bekannt als „Mercedes-Benz Classic Center". Und Helmut Werner wird Nachfolger von Werner Niefer als Chef von Mercedes-Benz. Außerdem entscheidet sich Mercedes für Tuscaloosa, Alabama, als Standort für den Bau eines allradgetriebenen Freizeitautos. In Ulm wird zusätzlich das Daimler-Benz-Forschungszentrum eröffnet.

1994 präsentieren Mercedes-Benz und die Schweizerische Gesellschaft für Mikroelektronik und Uhrenindustrie AG (SMH) des Nicolaus Hayek der Presse zwei zweisitzige Studien des „Micro Compact Car", die später als „smart" serienmäßig gebaut werden. Im selben Jahr stellt Mercedes-Benz das erste fahrfähige Auto mit Brennstoffzelle vor, den NECAR (New Electric Car), dann auch noch die Fahrdynamikregelung FDR, die ein Jahr später „ESP" heißen wird. Zum Geländewagen des Jahres wir der Funmog U 90 gewählt – eine kolossale Freizeitvariante des Unimog. Und ab 1. August gehören Beifahrer-Airbags sowie Kopfstützen im Fond zu den Serienausstattungen von Mercedes-Pkw.

1995 nehmen die Deutschen in der Liste der größten Autobauer der Welt Rang Drei nach den

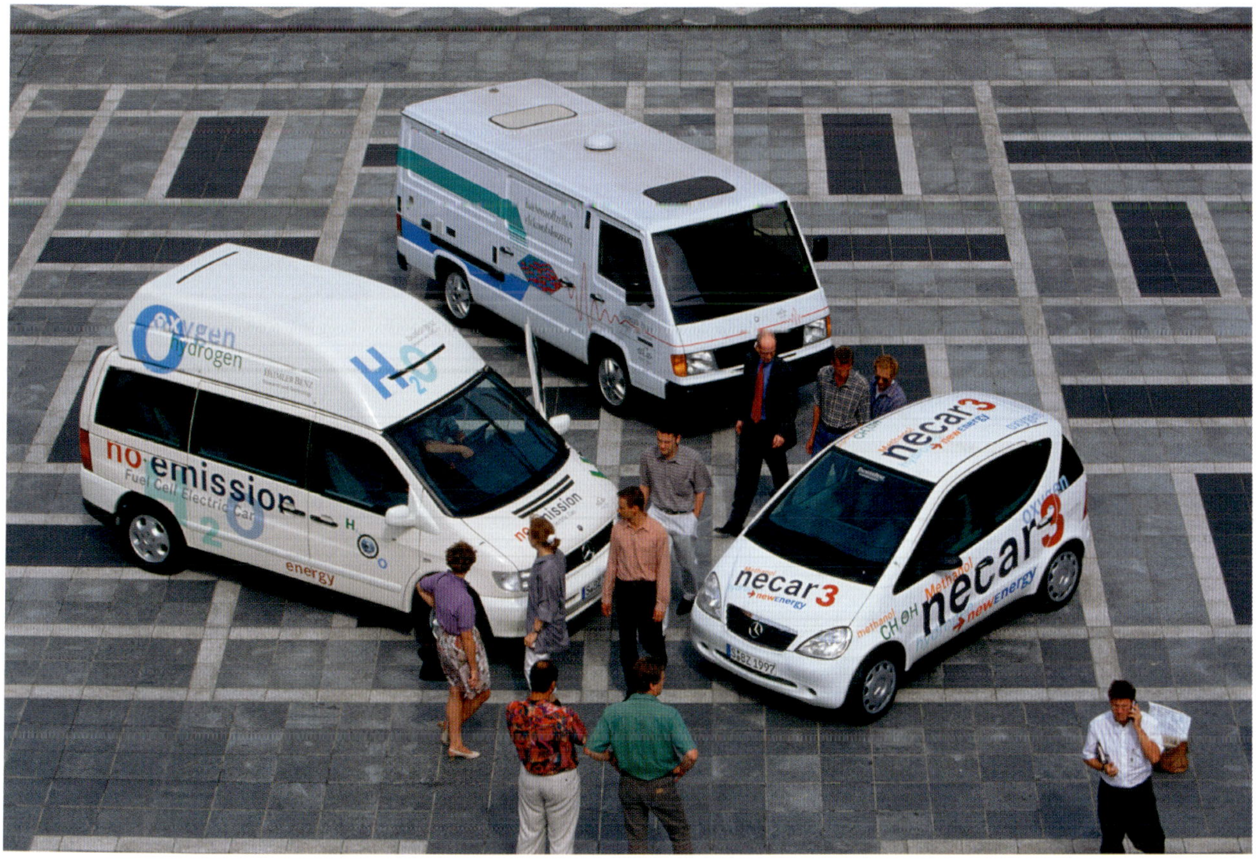

Forschung in Sachen alternative Antriebe: Daimler setzt früh auf Wasserstoff als mögliche Lösung für die Zukunft.

Vorstudie für die Luxuslimousine in ihrer reinsten Form: Mercedes-Benz Studie „Maybach“ aus dem Jahr 1997.

USA und Japan ein. Etwa 14,6 Prozent von 3,5 Millionen neu zugelassener Autos in Deutschland fahren mit Dieselkraftstoff. Mercedes-Benz präsentiert im Mai dieses Jahres erstmals serienmäßig in Autos das Elektronische Stabilitäts-Programm von Bosch, kurz ESP, und zwar im Mercedes-Benz S 600 Coupé. Auch der Regensensor feiert bei Daimler Premiere. Das alles lässt Daimler-Chef Jürgen Schrempp aber nicht jubeln: Er muss im September einen Halbjahresverlust von 1,56 Milliarden Mark verbuchen. Ein Grund: Währungsschwankungen. Am 14. Oktober legen Helmut Werner und Nicolas G. Hayek den Grundstein für das neue smart-Werk in Hambach-Saargmünd.

1996 sind die Daimler-Benz-Aktionäre enttäuscht: Im April gibt es erstmals seit 45 Jahren keine Dividende. Dennoch wächst der Konzern: Die AEG AG verschmilzt mit der Daimler-Benz AG. Daimler stellt zusätzlich das NECAR II vor, das „New Electric Car“ mit Brennstoffzellenantrieb. Im Werk Sindelfingen wird währenddessen der 15-millionste Pkw aus Nachkriegsproduktion gebaut, ein grüner E 280 Classic.

Am 6. März 1997 wird die Mercedes A-Klasse auf dem Genfer Salon päsentiert. Sie markiert den ersten Serienwagen in Sandwich-Bauweise. Bei einem Frontalunfall soll der Motor unter die auf einem doppelten Boden thronenden Passagiere rutschen. Klingt gut, doch der Wagen hat zwei Haken: Durch seine hohe Bauweise und die Van-artige Form gilt er schnell als Auto für das letzte Lebensviertel. Noch schlimmer aber: Beim so genannten Elch-Test (ISO-Ausweich-Test), einem harten Ausweichmanöver, kippt der Wagen mit seinem hohen Schwerpunkt leicht um. Ein schwedischer Journalist macht den Fall publik, und die Medien springen darauf an. Der Image-Schaden für Mercedes-Benz ist gewaltig – es ist das bislang größte Desaster der Firmengeschichte. Schrempp gesteht nach tagelangem Hickhack technische Fehler ein. Am 11. September stoppt das Werk die Auslieferung der A-Klasse. Das Fahrwerk wird neu abgestimmt, das elektronische Stabilitätsprogramm (ESP) zieht ein – dann ist allerdings auch Ruhe. Es gerät dafür die Studie Mercedes-Benz Maybach in den Fokus, die die Stuttgarter auf der Tokyo Motor Show zeigen: Luxus pur.

1998 ist die allgemeine Fusionitis in der Automobilindustrie auf dem Höhepunkt: Sie zählt mehr als 600 Zusammenschlüsse und Übernahmen weltweit. Daimler-Benz ist ganz vorne mit dabei: Am 7. Mai verkünden die Stuttgarter und US-Gigant Chrysler die Fusion. Die Firma wird künftig DaimlerChrysler AG heißen, Sitze sind Stuttgart und Auburn Hills in den USA. Der Name „Benz“ wird somit nur noch in der Marke „Mercedes-Benz“ genannt. Zunächst werden Schrempp und Chrysler-Chef Bob Eaton den Konzern gemeinsam führen, später soll Schrempp alleiniger Herrscher werden. Schrempp spricht von einer „Hochzeit im Himmel“.

Und macht sich selbst ein schönes Geschenk: Der Maybach soll in kleiner Serie und als eigene Submarke gebaut werden. Als Gegenpart stehen

Viele Hoffnungen und große Erwartungen: Am 7. Mai 1998 fusionieren Daimler-Benz AG und Chrysler Corporation zum neuen Konzern DaimlerChrysler. Die Verbindung hält allerdings nur gut 10 Jahre …

die ersten smart am 6. Oktober beim Händler – das Auto bringt zunächst aber wenig Glück. Die Produktion des Kleinwagens wird erst einmal eingefroren aufgrund von Qualitätsmängeln und Kippgefahr.

1999 stellt Mercedes-Benz das erste alltagstaugliche Fahrzeug mit Brennstoffzelle, den NECAR 4 auf Basis der A-Klasse, als Prototyp vor. Ein Mercedes-Personenwagen mit Verbrennungsmotor besitzt zu diesem Zeitpunkt Steuergeräte mit zusammen rund 40 MegaByte Computer-Kapazität – die Mondrakete Apollo 11 hatte 1969 gerade mal zehn MegaByte zur Verfügung. Die Stuttgarter übernehmen 1999 51 Prozent des Tuningbetriebes AMG von Gründer Hans-Werner Aufrecht, DaimlerChrysler macht aus AMG die Speerspitze von Mercedes. Aufrecht behält allerdings seine Rennsportsparte. DaimlerChrysler kündigt außerdem Ende des Jahres an, die Marke Plymouth sterben zu lassen – wegen Absatzproblemen.

Auf der Welt gibt es nach Schätzungen im Jahr 2000 mehr als 800 Millionen Motorfahrzeuge, davon etwa 600 Millionen Automobile, die in Betrieb sind. Zur Jahrtausendwende kostet die Entwicklung eines neuen Modells durchschnittlich rund 1,6 Milliarden Euro. Trotzdem geht die Präsentation neuer Modelle und Techniken Schlag auf Schlag: Der Toyota Prius wird der erste Hybrid für alle, Peugeot bietet erstmals Rußfilter an. Am 27. März kauft DaimlerChrysler 33,4 Prozent der Aktien von Mitsubishi, der Deal wird als Übernahme gewertet. Und schon im April löst sich die DaimlerChrysler-Doppelspitze mit Schrempp und Eaton auf, Schrempp wird alleiniger Konzernchef. Am 26. Juni beteiligt sich die DaimlerChrysler AG für 890 Millionen Mark am südkoreanischen Marktführer Hyundai Motor Company, die Deutschamerikaner erhalten dafür zehn Prozent der Aktien.

Am 14. November geht bei DaimlerChrysler das Manager-Drama weiter: DC-Chef Jürgen Schrempp wirft Chrysler-Chef William Holden raus, der schlechte Verkaufsprognosen für das vierte Quartal verheimlicht haben soll. Holdens Nachfolger wird am 17. November der erste Deutsche bei Chrysler: Dieter Zetsche muss sechs Fabriken schließen und 26.000 Arbeitsplätze streichen. Am 18. November muss DaimlerChrysler auch noch eine Gewinnwarnung herausgeben, der Aktienkurs fällt kräftig.

Mercedes-Benz 300 CE-24, E 200, E 320

Auf dem E-Coupé der Baureihe 124 basiert das Cabriolet, bei dem Mercedes sich außer ums Dach besonders um die Karosseriesteifigkeit kümmern muss. Rund 1000 Teile werden überarbeitet oder erneuert. Zunächst gibt es den offenen Viersitzer nur mit dem alten Dreiliter-Vierventilmotor. 1992 steht eine Modellüberarbeitung an, wobei der E 320 den 300-CE 24 ablöst. Ab 1994 wird in Deutschland auch eine Vierzylinder-Variante angeboten. Natürlich gibt es auch AMG-Versionen. Fast 34.000 Stück des von Bruno Sacco gezeichneten gradlinigen Klassikers werden verkauft.

Technische Daten	
Code:	A 124
Bauart:	Cabriolet
Baujahr:	1991 – 1997
Motor:	R4, R6
Hubraum:	1998 – 3199 ccm
Leistung:	136 – 220 PS
Getriebe:	Fünfgang-Handschalter
Antrieb:	Hinterräder
Gewicht:	bis 1710 Kilogramm
Vmax:	200 – 235 km/h

Mercedes-Benz 300 SE 2.8, S 280, 300 SE, S 320, 400 SE, S 420, 500 SE, S 500, 600 SE, S 600, 300 SD Turbo, S 350 Turbodiesel, S 300 Turbodiesel

Die neue S-Klasse kommt mächtig – um nicht zu sagen sehr mächtig – daher. Kein Wunder, dass sie von Kritikern bald respektlos „Kathedrale auf Rädern" genannt wird. Tatsächlich hat Chefdesigner Bruno Sacco so aus dem Vollen geschöpft, dass das Luxusauto nicht problemlos auf die Autotransportwaggons der Bahn passt. Die ersten Exemplare kommen als 300 SE, 400 SE, 500 SE und 600 SE auf den Markt, die später wegen der neuen Nomenklatur umbenannt werden. Das erste Dieselmodell ist die schwächste S-Klasse überhaupt: Der 3,5-Liter-Turbomotor müht sich mit seinen 150 PS und bringt das Auto auf höchstens 185 km/h.
Erst 1996 kommt die stärkere Variante mit dem S 300 Turbodiesel, dessen Hubraum zwar nur noch drei Liter beträgt, der aber 177 PS schafft, unter anderem dank Ladeluftkühler. Kunden von Welt greifen trotzdem lieber zum zwölfzylindrigen 600 SE, der 408 PS zur Verfügung stellt – nach Umbenennung 1993 in S 600 allerdings nur noch 394 PS hat. Zum V12 sieht sich Mercedes durch Wettbewerber BMW gezwungen. Dafür muss man im Vergleich zu den V8-Varianten der 500er rund 65.000 Mark Mehrpreis bezahlen.

Technische Daten	
Code:	W 140
Bauart:	Limousine
Baujahr:	1991 – 1998
Motor:	R6, R6-Diesel, V8, V12
Hubraum:	2799 – 5987 ccm
Leistung:	150 – 408 PS
Getriebe:	Vier- und Fünfgang-Automatik
Antrieb:	Hinterräder
Gewicht:	1890 – 2250 Kilogramm
Vmax:	185 – 250 km/h

1994 wird eine Modellpflege angesetzt, die unter anderem die Antriebsschlupfregelung als Serienausstattung vorsieht. Für alle Modelle gibt es ab 1995 das innovative elektronische Stabilitätsprogramm (ESP). Neu sind auch eine Einparkhilfe und doppeltes Verbundsicherheitsglas für die Seitenscheiben zur Dämpfung und Wärmeisolierung. Gut 400.000 Exemplare der neuen S-Klasse werden verkauft.

Mercedes-Benz 500 SEC, 600 SEC, S 420 Coupé, S 500 Coupé, CL 420, S 600 Coupé, CL 600

Als SEC (S-Klasse, Einspritzmotor, Coupé) bringt Mercedes 1992 die Coupé-Version der S-Klasse. Zunächst als 500er und 600er, also mit Fünfliter-V8 (320 PS) und Sechsliter-V12 (394 PS). Im Laufe der Zeit ändern sich zweimal die Bezeichnungen (aus 500 SEC wird S 500 Coupé und danach CL 500, der 600er analog). Mit der letzten Namensänderung gibt es Xenon- fürs Abblendlicht, einen Tempomat und Sidebags. 1994 wird dem Duo eine weniger leistungsfähige Variante zur Seite gestellt, das S 420 Coupé mit 4,2-Liter-V8, der 279 PS an die Hinterräder abgibt. Zuerst haben alle Modelle ein Viergangetriebe, ab 1995 spendiert Mercedes einen Gang mehr. Insgesamt werden rund 26.000 Stück gebaut. Die C 140 sind die letzten Benze, die mit „Sacco-Brettern“ an den Seiten herumfahren.

Technische Daten	
Code:	C 140
Bauart:	Coupé
Baujahr:	1992 – 1998
Motor:	V8, V12
Hubraum:	4196 – 5987 ccm
Leistung:	279 – 394 PS
Getriebe:	Vier- und Fünfgang-Automatik
Antrieb:	Hinterräder
Gewicht:	bis 2110 Kilogramm
Vmax:	250 km/h

Mercedes-Benz C 180, C 200, C 200 Kompressor, C 220, C 230, C 230 Kompressor, C 240, C 280, C 200 D, C 200 CDI, C 220 D, C 220 CDI, C 250 D, C 250 TD inkl. T-Modell

Die neue C-Klasse löst den kleinen Mercedes 190 ab – und das sehr erfolgreich. Drei Jahre nach den ersten Limousinen gibt es die Mittelklasse auch als T-Modell mit großem Kofferraum und stylisch abgerundetem Heck, unter das 1510 Liter Gepäck passen. Für das Design zeichnen Bruno Sacco und sein Team verantwortlich. Sicherheit wird großgeschrieben: Serienmäßig sind an Bord unter anderem ein Airbag, Seitenaufprallschutz und das Antiblockiersystem. Die Fahrer müssen sich allerdings in Sachen Handbremse umstellen: Der Hebel in der Mitte weicht der nun Mercedes-typischen Fussfeststellbremse. Damit ist die Handbremswende beim Daimler Geschichte. Die Verarbeitung ist ausgezeichnet, der Bauaufwand groß. Die Limousine erfährt 1995 eine kleine Modellpflege: Der C 280 ist mit seinem Sechszylinder-Motor (bis 1997 Reihensechszylinder mit 193 PS, danach V6 mit 197 PS) die stärkste Variante – abgesehen von den AMG-Modellen, von denen es gleich drei gibt. Letztendlich bringt Mercedes mehr als 1,8 Millionen Exemplare dieser Mittelklasse zu den Kunden.

Technische Daten	
Code:	W 202, S 202
Bauart:	Limousine, Kombi
Baujahr:	1993 – 2001
Motor:	R4, R4-Kompressor, R4-Diesel, R4-Turbodiesel, R6, V6
Hubraum:	1997 – 2799 ccm
Leistung:	75 – 197 PS
Getriebe:	Fünfgang-Handschalter
Antrieb:	Hinterräder
Gewicht:	1350 – 1610 Kilogramm
Vmax:	160 – 250 km/h

Mercedes-Benz E 200, E 200 Kompressor, E 230, E 240, E 280, E 320, E 420, E 430, E 200 CDI, E 220 Diesel, E 220 CDI, E 270 CDI, E 290 Turbodiesel, E 300 Diesel, E 300 Turbodiesel, E 320 CDI inkl. T-Modell

Hat die Welt auf das Vieraugengesicht gewartet? Wenn es nach Mercedes-Benz geht, eindeutig ja. Denn mit vier einzelnen Frontscheinwerfern kommt 1995 die neue obere Mittelklasse, bald E-Klasse genannt, als Nachfolger des W 124 zum Kunden. Die Formen sind allgemein fließender geworden, was mit einem „red dot design award“ belohnt wird. Von Anfang an sind viele Motorvarianten erhältlich, die entweder mit Benzin oder mit Diesel gefüttert werden. Die Motoren arbeiten bereits in anderen Konzernfahrzeugen, nur der direkteinspritzende Turbodiesel im E 200 ist neu. 1996 gesellt sich die Kombivariante hinzu. Erstmals sind optionale Spezialitäten

wie Parktronic als Einparkhilfe, Regensensor und Klimaautomatik zu haben. Zum August 1999 wird die Modellreihe überarbeitet. Das Achtzylinder-Modell ist jetzt grundsätzlich mit Allradantrieb versehen, zu einigen anderen Motorisierungen ist er optional zu haben. Vier AMG-Modelle komplettieren das Angebot.

Technische Daten	
Code:	W 210, S 210
Bauart:	Limousine, Kombi
Baujahr:	1995 – 2002
Motor:	R4, R4-Diesel, R4-Kompressor, R5-Diesel, R6, R6-Diesel, V6, V8
Hubraum:	1998 – 4266 ccm
Leistung:	102 – 279 PS
Getriebe:	Sechs- und Fünfgang-Handschalter, Vier- und Fünfgang-Automatik
Antrieb:	Hinterräder, Allrad
Gewicht:	1430 – 1990 Kilogramm
Vmax:	187 – 250 km/h

Mercedes-Benz A 140, A 160, A 190, A 210 Evo, A 160 CDI, A 170 CDI

Mit der A-Klasse bringt Mercedes 1997 einen neuen Kleinwagen, der anscheinend rein auf Funktion ausgelegt ist: Der kleine Van gilt bis heute nicht gerade als echtes Designerstück (praktisch ist er dagegen schon), deswegen wird die A-Klasse später das optimale „Rentenauto" (bis viel später die B-Klasse diesen Platz einnimmt). Zum ersten Mal werden in einem Mercedes-Großserienauto die Vorderräder angetrieben. Der Kofferraum schluckt bis zu 1740 Liter. Anfangs gibt es das Modell nur mit 1,4-Liter-Vierzylinder und 82 PS sowie mit 1,6-Liter mit 102 PS. Ab 1998 ist ein 1,7-Liter-Turbodiesel zu bekommen, ab 2001 ein 60-PS-Turbodiesel. Aber nicht deswegen wird das Modell berühmt-berüchtigt, sondern weil es im Ausweichversuch (Elchtest) umkippt. Vor allem die Hinterachskonstruktion erweist sich dabei als problemauslösende Schwachstelle. Das Desaster lässt den Verkauf einbrechen. Erst da

Technische Daten	
Code:	W 168
Bauart:	Mini-Van
Baujahr:	1997 – 2004
Motor:	R4, R4-Turbodiesel
Hubraum:	1397 – 2084 ccm
Leistung:	60 – 140 PS
Getriebe:	Fünfgang-Handschalter
Antrieb:	Vorderräder
Gewicht:	1085 – 1175 Kilogramm
Vmax:	167 – 203 km/h

reagiert Mercedes und baut ESP serienmäßig ein, auch nachträglich in schon ausgelieferte Autos. 1989 kommt der A 190 hinzu, 2001 wird das Topmodell der A 210 Evolution mit 140 PS

Mercedes-Benz CLK 200, CLK 200 K, CLK 230 K, CLK 320, CLK 430

Die CLK Coupé ersetzt 1997 den C 124. Jetzt gibt es wieder eine feste B-Säule, erstmals in einem Mercedes-Coupé kann man eine Durchlademöglichkeit nutzen für lange Gegenstände oder die Rücksitzlehne asymmerisch umklappen. 1998 folgt das Cabriolet, das technisch identisch ist bis auf die Dachkonstruktion. Auf Wunsch ist eine Fünfgang-Automatik zu haben inklusive Tempomat. Zum Sechszylinder gibt es ESP, erhältlich sind aber auch Niveauregulierung, Einparkhilfe, Schiebe-Hebe-Dach und Xenonscheinwerfer. Der CLK wird schon nach zwei Jahren aufgefrischt, was unter anderem überarbeitete kleine Motoren bedeutet. Außerdem bekommen CLK 430 und CLK 55 AMG leistungsstarke V8-Triebwerke spendiert.

Technische Daten	
Code:	A 208, C 208
Bauart:	Coupé, Cabriolet
Baujahr:	1997 – 2003
Motor:	R4, R4-Kompressor, V6, V8
Hubraum:	1998 – 4266 ccm
Leistung:	136 – 279 PS
Getriebe:	Fünfgang-Handschalter
Antrieb:	Hinterräder
Gewicht:	1375 – 1755 Kilogramm
Vmax:	208 – 250 km/h

Mercedes-Benz SLK 200, SLK 200 Kompressor, SLK 230 Kompressor, SLK 320

Mit dem schnuckeligen zweisitzigen Roadster rundet Mercedes sein Portfolio nicht nur nach unten ab, sondern trifft voll ins Schwarze. Die Zeit ist reif für kleine Roadster – erst recht, wenn sie ein faltbares Hardtop hinter den Sitzen tragen. Mercedes nennt die Konstruktion „Variodach": Die Kofferraumklappe öffnet nach vorne, das zweiteilige Klappdach faltet sich in den Kofferraum, Klappe zu, fertig. Und das alles in 25 Sekunden. Neu ist so etwas wie die Kindersitzerkennung auf der Beifahrerseite, die den Airbag abschaltet. Wiederbelebt wird im R 170, der auf dem W 202 basiert, der Einsatz eines Kompressors, der in diesem Fall von Eaton kommt. Die Kunden greifen meistens zum 230 Kompressor, der mit 193 PS bestens mit dem kleinen Auto harmoniert. Im Jahr 2000 ist eine Modellpflege fällig: Eine 163 PS starke Kompressorvariante ersetzt den normalen SLK 200, die Palette wird nach oben vom SLK 320 mit 218 PS starkem Sechszylinder abgerundet.

Technische Daten	
Code:	R 170
Bauart:	Roadster
Baujahr:	1996 – 2004
Motor:	R4, R4-Kompressor, V6
Hubraum:	1998 – 3199 ccm
Leistung:	136 – 218 PS
Getriebe:	Fünf- und Sechsgang-Handschalter
Antrieb:	Hinterräder
Gewicht:	1270 –1405 Kilogramm
Vmax:	203 – 242 km/h

KOMPRESSOR

Mercedes-Benz ML 270 CDI, ML 230, ML 320, ML 430, ML 400 CDI, ML 350, ML 500

Technische Daten	
Code:	W 163
Bauart:	SUV
Baujahr:	1997 – 2005
Motor:	R4, R5-Turbodiesel, V6, V8
Hubraum:	2295 – 4966 ccm
Leistung:	150 – 292 PS
Getriebe:	Fünfgang-Handschalter und -Automatik
Antrieb:	Allrad
Gewicht:	1930 – 2210 Kilogramm
Vmax:	177 – 226 km/h

Die M-Klasse wird der erste SUV von Mercedes – zu dieser Zeit noch „All-Activity-Vehicle" oder „Multi-Purpose-Vehicle" genannt. Er markiert die erste europäische SUV-Konstruktion nach modernem Muster. Ebenfalls neu ist, dass Mercedes das Auto komplett und ausschließlich in den USA montiert. Offiziell muss der M ML heißen, weil das M als Typenbezeichnung der Powerabteilung von BMW gehört. Zuerst ist der ML 320 erhältlich, dessen neu entwickelter V6-Motor mit Dreiventiltechnik, Doppelzündung und Leichtmetalllaufbuchsen glänzt. Ein Jahr lang bleibt der ML Amerika vorbehalten. In Deutschland gibt es nur eine Dieselvariante.

Mercedes-Benz CL 500, CL 600

Technische Daten	
Code:	C 215
Bauart:	Coupé
Baujahr:	1999 – 2006
Motor:	V8, V12, V12-Biturbo
Hubraum:	4966 – 5786 ccm
Leistung:	306 – 500 PS
Getriebe:	Fünfgang-Automatik
Antrieb:	Hinterräder
Gewicht:	1865 – 2075 Kilogramm
Vmax:	250 km/h

Eigentlich sollen die neuen großen Coupés auf Basis der E-Klasse stehen – aber es stellt sich heraus, dass sie der S-Klasse viel näher sind und in einigen Dingen sogar über ihr stehen, also ist die Basis folgerichtig die S-Klasse. Mercedes hat viel leichtes Aluminium und Magnesium verbaut, die vorderen Kotflügel und die Stoßfänger sind aus Kunststoff. Die Ausstattung ist sogar höherwertig als in der S-Klasse. Im Jahr 2002 bekommt auch der CL 600 den neuen V12-Biturbomotor, der später auch im Maybach eingesetzt wird. Im CL ist die Maschine auf 500 PS gedrosselt, schiebt aber mit 800 Newtonmetern mächtig an. Die Konkurrenz hat erstmal keine Antwort auf das Powerpaket.

Mercedes-Benz C 200 CDI, C 220 CDI, C 270 CDI, C 180, C 200 Kompressor, C 200 CGI, C 240, C 320, C 270 CDI, C 180 Kompressor, C 320, inkl. T-Modell, inkl. Sportcoupé

Die neue C-Klasse ist ein voller Erfolg. Das liegt unter anderem daran, dass eine ganz neue Designlinie eingeschlagen wird. Das Auto fährt sich zudem agil und handlich, obwohl es größer und schwerer geworden ist als der Vorgänger. Mit einem Luftwiderstandsbeiwert von 0,26 ist die C-Klasse aerodynamisch gut gelungen, und der viel kritisierte Einarmscheibenwischer ist einer Zweiarmlösung gewichen. Abgesehen von den AMG-Varianten bietet Mercedes vier Dieselversionen (C 270 CDI kommt erst 2003) und sechs Benziner an. C 240 und C 320 (ab 2003) bekommen einen V6, und der ist für alle Karosserieformen zu haben. Bestimmte Modelle sind auch als Allradler erhältlich. Das Top-Modell C 320 4Matic kostet im Jahr 2002 mehr als 40.000 Euro. Das T-Modell kommt kurz nach der Limousine auf den Markt, das Sportcoupé folgt 2002.

Technische Daten	
Code:	W 203, C 203, S 203
Bauart:	Limousine, Kombi, Coupé
Baujahr:	2000 – 2007
Motor:	R4, R4-Kompressor, R4-Turbodiesel, V6
Hubraum:	1796 – 3199 ccm
Leistung:	116 – 218 PS
Getriebe:	Sechsgang-Handschalter
Antrieb:	Hinterräder, Allrad
Gewicht:	1455 – 1630 Kilogramm
Vmax:	198 – 248 km/h

Mercedes-Benz S 320, S 350, S 430, S 500, S 320 CDI, S 400 CDI, S 600

Auf dem Pariser Salon 1998 präsentiert Daimler die neue S-Klasse – und die Welt staunt: Sie ist nicht größer und fetter geworden, sondern das Gegenteil ist passiert. Allerdings liegt das weniger an Einsicht als an Sparwillen. Die Motoren sollten eigentlich stärker werden, sie werden aber schwächer. Die Gesamtzuladung nimmt ab, der Kofferraum ist kleiner, die Materialien innen geraten nicht mehr so hochwertig. Trotzdem wird die neue S-Klasse ein Erfolg, weil sie im Premiumsegment immer noch ziemlich gut ist. Wie schon bei den Vorgängern sind drei Radstände im Angebot: normal, lang und Pullmann, letzteres bedeutet 4140 Millimeter. Bei einer Modellpflege („Mopf") im Jahr 2002 wird der S 320 durch den S 350 ersetzt. S 350, S 430 und S 500 erhalten Allradantrieb. Der S 600 erhält einen ganz neuen 5,5-Liter-V12 mit Biturboaufladung, der nun 500 PS leistet. Den S 500 und S 600 gibt es ab Werk auch als „Guard", also in Sonderschutz-Ausführung. Die S-Klasse-Freude in ungepanzerten Modellen beginnt zunächst bei rund 104.000 Mark für den 197 PS starken S 320 CDI und hört auf beim S 600 für fast 216.000 Mark. Bis Dezember 2005 laufen im Werk Sindelfingen insgesamt 484.683 Limousinen der Baureihe 220 vom Band; allein vom S 500 lang werden 108.823 Exemplare ausgeliefert.

Technische Daten	
Code:	W 220
Bauart:	Limousine
Baujahr:	1998 – 2005
Motor:	V6, V6-Turbodiesel, V8, V8-Turbodiesel, V12, V12-Biturbo
Hubraum:	3199 – 5786 ccm
Leistung:	197 – 500 PS
Getriebe:	Fünfgang-Automatik
Antrieb:	Hinterräder, Allrad
Gewicht:	1770 – 2135 Kilogramm
Vmax:	230 – 250 km/h

EL KEMPINSKI
port München

Hans Nibel wird am 31. August 1880 in Olleschau, Mähren, geboren. Er studiert an der Technischen Hochschule München und wird Diplom-Ingenieur. Nach ersten Erfahrungen in Maschinenfabriken beginnt er am 1. März 1904 als Konstrukteur bei Benz & Cie. und steigt in den Benz-Vorstand auf, 1924 auch noch in den der DMG dank der existierenden Interessengemeinschaft mit der Benz & Cie. Im Konstruktionsbüro ist er neben dem verantwortlichen Ferdinand Porsche tätig. Nibel ist ein starker Befürworter des Unternehmenszusammenschlusses, der 1926 erfolgt. Er zieht auch prompt in den Vorstand der neuen Daimler-Benz AG ein. Am 1. Januar 1929 übernimmt Nibel die Leitung von Konstruktion und Technik bei der Daimler-Benz AG und ist damit Nachfolger von Porsche. Eine von Nibels ganz großen Leistungen: Er erkennt früh die Bedeutung der Einzelradfederung für die Zukunft. Hans Nibel stirbt am 25. November 1934 in Stuttgart an den Folgen eines Herzinfarkts.

Karl Wilfert wird am 1. Juli 1907 in Wien geboren. Von 1922 bis 1926 absolviert der Österreicher ein Maschinenbau-Studium in seiner Heimatstadt und ist bis 1929 als Konstrukteur bei Steyr angestellt. Dann wechselt er zu Daimler-Benz, wo er bis zu seiner Pensionierung im Jahr 1974 bleibt – letztlich ist er der Leiter der Karosserieentwicklung. Vor allem für die Baureihen W 113 und W 198 zeichnet er verantwortlich. Mitte bis Ende der 1930er Jahre entwickelt Wilfert – zusammen mit Béla Barényi – die Vorstufe der gestaltfesten Fahrgastzelle mit Knautschzonen, aber auch bei anderen Entwicklungen zur Fahrzeugsicherheit ist er stark involviert. Ab Mitte der 1950er Jahre ist er verantwortlich für die neue Stilistik-Abteilung, der neben Friedrich Geiger später noch Paul Bracq und Bruno Sacco angehören. Wilfert stirbt am 8. März 1976.

Alfred Neubauer wird am 29. März 1891 in Neutitschein im heutigen Tschechien geboren. Zunächst ist er Automobiloffizier des österreichischen Heeres, über diverse Automobilstationen wechselt er 1923 (mit und durch Ferdinand Porsche) in die Fahrabteilung der Daimler Motoren Gesellschaft nach Untertürkheim. Weil er zu wenig Talent als Rennfahrer hat, erfindet er 1926 den Posten des Rennleiters. Mit neuen Strategien und Kommunikationstechniken mit seinen Rennfahrern (z. B. Flaggen und Tafeln) trägt er entscheidend zu vielen Siegen der Kompressorwagen der S-Reihe bei. Auch bei den Triumphen der Silberpfeile in den Jahren 1934 bis 1939 und 1954 bis 1955 sowie den Sportwagenrennen 1952 und 1955 führt Neubauer erfolgreich Regie. Er drillt die Mechanikercrew fast militärisch. Der schlimmste Moment seiner Karriere ist der Horrorunfall in Le Mans im Jahr 1955. Mercedes zieht sich deswegen vom Rennsport zurück und Neubauer muss in Rente. Am 22. August 1980 stirbt er in Stuttgart.

Rudolf Uhlenhaut wird wird am 15. Juli 1906 in London geboren. Der Sohn einer Engländerin und eines Deutschen zieht in seiner Jugend aufgrund der Bankentätigkeit seines Vaters viel um – über Brüssel und Bremen nach München. Dort studiert er Maschinenbau. 1931 kommt er als junger Ingenieur zu Daimler-Benz und beginnt seine Arbeit unter Fritz Nallinger in der Versuchsabteilung. 1936 übernimmt er die vakante Leitung der Rennwagenabteilung und führt den neuen W 125 zu sportlichen Erfolgen. Für offene Münder sorgt seine hyperschnelle Konstruktion des 1,5-Liter-Wagens W 165 für den Gran Premio di Tripoli 1939. Nach dem Krieg „erfindet" Uhlenhaut 1954 das legendäre „Flügeltürer-Coupé" 300 SL (W 198) für die Straße. Berühmt ist das so genannte „Uhlenhaut-Coupé" 300 SLR auf Basis des offenen 300 SL, mit dem Stirling Moss zusammen mit Denis Jenkinson 1955 die Mille Miglia gewinnt. Schließlich rückt Uhlenhaut in den Vorstand auf und wird 1972 pensioniert. Er stirbt am 8. Mai 1989 in Stuttgart.

Béla Barényi wird am 1. März 1907 in Hirtenberg, Niederösterreich, als Spross einer wohlhabenden Familie geboren. Der begabte Maschinenbauer und Elektrotechniker wird 1939 von seinem Studienfreund Karl Wilfert zur Daimler-Benz AG vermittelt, wo er sich sofort auf die Fahrzeugsicherheit als Lebensziel stürzt. Barényi (und teilweise Wilfert) sind die Väter unter anderem der flexiblen Bug- und Heckpartie (1941), der Sicherheitslenksäule (1947), der definierten Knautschzone (1951), von Sicherheitsdach und -tür (1958) und der Sicherheitslenkwelle (1963). Von 1955 bis zu seiner Pensionierung 1974 leitet er die Vorentwicklung bei Daimler-Benz. Noch zu Lebzeiten wird er in die amerikanische Automotive Hall of Fame aufgenommen. Der Urheber von rund 2500 angemeldeten Patenten stirbt am 30. Mai 1997 im Alter von 90 Jahren in Böblingen.

Fritz Nallinger wird am 6. August 1898 in Esslingen am Neckar geboren. Er wächst mit dem Automobil auf, da sein Vater am 1. Mai 1904 neben Wilhelm Maybach als Leiter der Produktion bei der DMG eintritt. Im zarten Alter von 13 Jahren erhält Nallinger für Automobilscheinwerfer sein erstes Patent. Mit 24 Jahren beginnt er als Konstrukteur bei Benz & Cie. Ende der 1920er Jahre entstehen die ersten Entwicklungsschritte vom Starrachsfahrwerk hin zum Vollschwingachs-Fahrwerk, 1931 erstmals beim „Kleinen Mercedes" 170 im Einsatz. Gleichzeitig widmet sich Nallinger verstärkt dem Dieselmotor, der dann 1936 im Typ 260 D erstmals in einem serienmäßigen Personenwagen angeboten wird. 1941 wird er Forschungs- und Entwicklungsvorstand und bleibt es mit einer kriegsbedingten Pause bis 1965. Sein Einfluss reicht vom 300er „Adenauer" über 300 S und 300 SL Flügeltüren-Coupé bis zur rahmenlosen, geräumigen Ponton-Karosserie und dem „Pagoden"-SL. Am 4. Juni 1984 stirbt Fritz Nallinger, Inhaber von 300 Patenten, in Stuttgart.

Hans Scherenberg wird am 28. Oktober 1910 in Dresden geboren. Er studiert Maschinenbau an den Technischen Hochschulen Stuttgart und Karlsruhe und wird 1935 Versuchsingenieur beim Daimler. Er ist stark beteiligt an der ersten Benzineinspritzung für den Flugmotor DB 601. 1942 promoviert er über die Ventilsteuerung bei Flugmotoren. Nach dem Krieg arbeitet er unter anderem bei Gutbrod und verhilft dem Gutbrod Superior zur ersten serienmäßigen Benzineinspritzung in einem Automobil weltweit. 1952 geht er zu Daimler-Benz zurück. Von 1965 bis zu seiner Pensionierung 1977 ist er Forschungs- und Entwicklungsvorstand. Er stirbt am 17. November 2000 in Stuttgart.

Friedrich Geiger wird am 24. September 1907 in Süßen geboren. Am 10. April 1933 gelangt Geiger als gelernter Fahrzeugbauer in die Abteilung Sonderwagenbau der Daimler-Benz AG im Werk Sindelfingen. Hier entwickelt er das Design der Roadster-Karosserie des Mercedes-Benz 500 K. Er ist auch stilistisch verantwortlich für die gepanzerten Limousinen der Typen Großer Mercedes (W 07 und W 150) und 540 K. 1948 kehrt er Mercedes den Rücken, aber nur für zwei Jahre. Geigers große Zeit beginnt in den 1950er-Jahren, als er im Karosserieversuch Karl Wilferts in Sindelfingen die Abteilung Stilistik aufbaut. Kurz darauf wird er zum ersten Chefdesigner bei Daimler-Benz befördert. Daraufhin lässt er sich das Design des heute ikonischen 300 SL-Flügeltürers einfallen sowie das fast aller Mercedes-Modelle der Folgezeit bis hin zum W 116 im Jahr 1972. Erst am 31. Dezember 1973 geht Friedrich Geiger in den Ruhestand. Sein Nachfolger wird Bruno Sacco. Geiger stirbt am 13. Juni 1996.

Paul Bracq, geboren am 13. Dezember 1933 in Bordeaux, wird der erste weithin bekannte Designer bei Daimler-Benz. Von 1950 bis 1953 absolviert er die École Boulle für Design in Paris. 1953 wird er Mitglied des Fachverbands Chambre Syndicale de la Carrosserie und Assistent des Designers Philippe Charbonneaux. Seine Arbeit für Citroën in den frühen 1950er Jahren führt ihn ihm Jahr 1957 zum Designerposten bei Daimler-Benz. Er kreiert den gigantischen Mercedes-Benz 600, aber auch die ikonische „Pagode" (SL-Baureihe), den 250 S und den Strichachter. 1967 kehrt er nach Frankreich zurück, wird später Designchef bei BMW und Interieur-Designchef bei Peugeot.

Bruno Sacco wird am 12. November 1933 in Udine, Italien, geboren. Während seiner Studienzeit sammelt er beim Designbüro Carrozzeria Ghia erste Erfahrungen auf dem Gebiet der Karosseriegestaltung. 1958 wechselt er zu Daimler-Benz als Stilist und Konstrukteur. Unter anderem übernimmt er die Design-Projektleitung für die „rollenden Versuchslabore" C111-I und C 111-II. 1970 wird er Chef der Abteilung Karosseriekonstruktion und Maßkonzeption. Unter seiner Mitwirkung entsteht unter anderem die Baureihe W 123. Ab 1975 leitete Sacco als Nachfolger von Friedrich Geiger die Hauptabteilung Stilistik. Dort entstehen der Diesel-Rekordwagen C 111-III (1978) und die S-Klasse der Baureihe W 126 (1979) mit den nach ihm benannten „Sacco-Brettern" (Plastik-Planken an den Fahrzeugseiten). 1993 wird Sacco Leiter Design und Mitglied des Direktorenkreises. 1999 übergibt er den Chefsessel an Peter Pfeiffer.

Peter Pfeiffer, geboren am 21. August 1943 in Dallwitz, wird im bayerischen Schönbrunn groß. Er wird zunächst Porzellanmodelleur. Ein Studienausflug führt ihn in die neue Designabteilung von Ford in Köln – Pfeiffer wird dort sofort engagiert. Nach fünf Jahren wechselt er zu Mercedes-Benz in Sindelfingen. Dort macht er sich schnell einem Namen und wird 1999 neuer Designchef bei der DaimlerChrysler AG. Als Nachfolger von Bruno Sacco zeichnet Pfeiffer verantwortlich für die Fahrzeugmarken „Mercedes-Benz", „smart", „Maybach" und „Freightliner". Darüber hinaus ist er maßgeblich an der Einführung der ersten Crossover-Modelle bei Mercedes beteiligt, namentlich der CLS-Klasse (C 219). 2008 verabschiedet sich der Senior Vice President Design Mercedes-Benz in den Ruhestand.

Gorden Wagener, wird am 3. September 1968 in Essen geboren. Er studiert Industriedesign und spezialisiert sich am Royal College of Art in London auf Transportations Design. Er arbeitet zunächst als Exterieur-Designer bei VW, Mazda und GM. 1997 fängt er bei Mercedes-Benz als Designer an. Wagener gestaltet aktuell bei der Daimler AG sämtliche Marken und Produkte des Unternehmens, vom Automobil bis zum holistischen Corporate Design aller Konzernmarken. Gorden Wagener ist verantwortlich für eine Vielzahl Mercedes-Benz-Modelle wie die C-Klasse der Baureihe 205, die S-Klasse der Baureihen 222 und 217, den Mercedes-AMG GT, die Baureihe C 190 sowie das GLE Coupè (C 292), den GLC (X 253), die smart-Modelle, alle Nutzfahrzeuge und neuerdings für alle E-Autos unter dem Markennamen „EQ".

Krise, smart und Maybach (2001 – 2010)

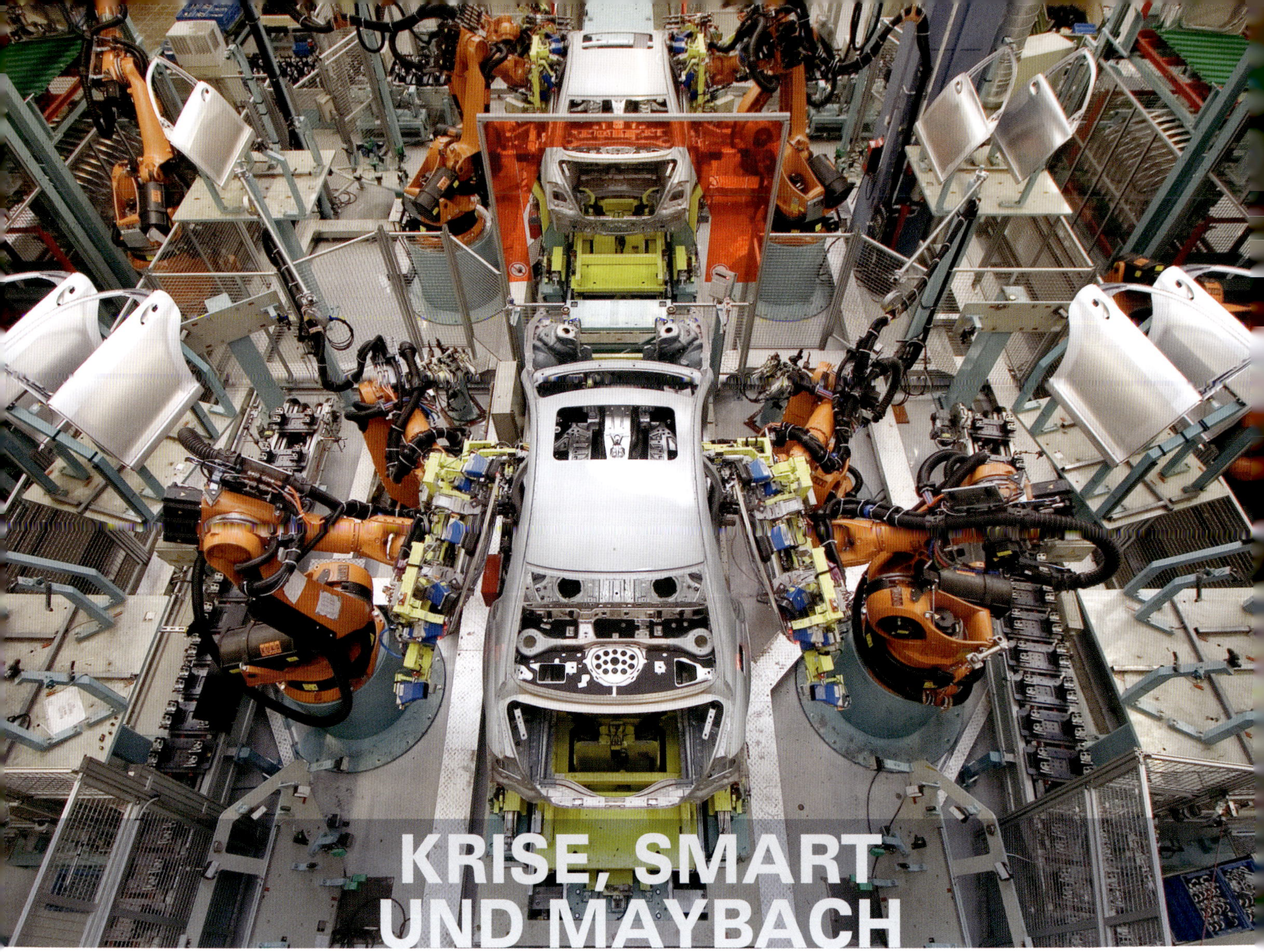

KRISE, SMART UND MAYBACH

Im Jahr 2001 kostet ein Neuwagen in Deutschland durchschnittlich 41.385 Mark (was etwa 21.000 Euro entspricht), damit wird erstmals die 40.000-Mark-Grenze geknackt. Für Gebrauchtwagen werden durchschnittlich 8300 Euro ausgegeben, und die Autobesitzer zahlen im Durchschnitt 373 Euro für Reparaturen im Jahr. Apropos Reparatur: Allein in Berlin stehen etwa 27.000 Wracks an den Straßenrändern, 3500 müssen abgeschleppt werden. In München stehen rund 12.000 Stück, in Hamburg 10.000.

Für die DaimlerChrysler AG beginnt das neue Jahrtausend denkbar schlecht. Chrysler-Chef Dieter Zetsche kündigt am 29. Januar einen massiven Arbeitsplatzabbau bei der amerikanischen Firma an. Am 26. Februar rutscht DaimlerChrysler durch die Sanierung von Chrysler und Mitsubishi in die roten Zahlen. Letztendlich verbucht DaimlerChrysler ein Minus von 662 Millionen Euro.

Am 11. September 2001 wird die Internationale Automobilausstellung in Frankfurt zur später so genannten „leisen IAA": Terroristen zerstören mit zwei Passagiermaschinen die beiden Türme des World Trade Center in New York. Tausende Menschen sterben, das Treiben um Autos tritt in den Hintergrund. DaimlerChrysler spendet sofort zehn Millionen Dollar, was den Konzern nicht davor bewahrt, am 10. Oktober von der Europäischen Kommission zu einer Strafe von 72 Millionen Euro verdonnert zu werden wegen der Verhinderung grenzüberschreitender Autokäufe.

Am 6. März 2002 zeigt DaimlerChrysler auf dem Genfer Salon dem Publikum erstmals einen neuen Maybach. Der Wagen hat einen V12 mit 550 PS, das maximale Drehmoment beträgt 900 Newtonmeter. Der Name Maybach soll künftig als eigenständige Marke geführt werden. Aus der Firma Micro Compact Car smart GmbH (MMC) wird im September schlicht die smart GmbH. Mercedes-Benz präsentiert außerdem „PRE-SAFE": Das System bereitet die Insassen bei einer kritischen Situation auf einen Unfall vor. Sensoren erkennen gefährliche Situation und leiten Maßnahmen ein: Gurte werden gestrafft, Seitenscheiben geschlossen, elektrische Sitze in günstige Position gebracht, abgeklappte Fondkopfstützen aufgerichtet.

2004 trägt jedes sechste weltweit hergestellte Auto ein deutsches Markenzeichen, und die Autobahnmeistereien melden rund 8000 Tonnen verlorener Ladung – dazu gehören 40.000 illegal entsorgte Autoreifen. Im April leitet DaimlerChrysler den Rückzug vom Engagement bei Mitsubishi ein. Im August ist der Konzern 17,1 Milliarden Euro wert, Toyota aber die wertvollste Automarke der Welt mit 18,2 Milliarden Euro.

94 Prozent aller Autos fahren im Jahr 2005 noch ohne Navigationssystem, und 41 Prozent der Deutschen wissen nicht, was ein „Hybridauto" ist. DaimlerChrysler kauft auch noch die restlichen 49 Prozent des Mercedes-Tuners AMG für einen dreistelligen Millionenbetrag. Im April beschließt DaimlerChrysler ein Sanierungsprogramm für die Marke smart in Höhe von 1,2 Milliarden Euro.

Etwa 42.000 Autos der Luxusklasse werden 2006 neu zugelassen – vom Maybach gibt es inzwischen 152 Stück. Der neue DaimlerChrysler-Chef Dieter Zetsche kündigt am 24. Januar den Abbau von 6000 Verwaltungsstellen an. Und im Juni gibt die Firma bekannt, dass der smart die Kasse des Konzerns seit 2003 mit 3,9 Milliarden Euro belastet. 2007 ist Silber die beliebtestes Autofarbe weltweit, und ZF bringt kurz vor der globalen Finanzkrise die erste Achtgangautomatik. Am 14. Mai beschließt DaimlerChrysler den Verkauf von Chrysler für 5,5 Milliarden Euro. Nach der Trennung will sich die Firma nur noch Daimler AG nennen. Um das möglich zu machen, muss Daimler dem Ford-Konzern die Namensrechte des Namens „Daimler", den Ford-Tochter Jaguar bislang für besonders exklusive Modelle benutzt, für rund 14 Millionen Euro abkaufen.

2008 brechen die Autoverkäufe weltweit ein. Seit dem 1. Januar gibt es in bestimmten Großstädten und Ballungsräumen wie Berlin, Stuttgart und das Ruhrgebiet so genannte Umweltzonen, um Feinstaubbelastungen zu

Freie Fahrt oder nicht – das entscheidet ab 2008 die Plakette an der Frontscheibe, die die Abgasnormen Euro 2, 3 oder 4 des jeweiligen Fahrzeuges anzeigt.

minimieren. Dort dürfen nur Autos fahren, die wenig Feinstaub ausstoßen und dieses mit einer vorher gekauften Plakette an der Windschutzscheibe in grün, rot oder gelb (je nach Schadstoffklasse) beweisen. Geschwindigkeitskontrollen auf Deutschlands Straßen haben in den Jahren 2005 bis 2008 insgesamt 808,7 Millionen Euro an Bußgeldern eingebracht. Nette Anekdote: Für die teuerste Autonummer Großbritanniens legt ein gut betuchter Formel-1-Fan am 26. Januar umgerechnet nahezu 600.000 Euro hin. Der Geschäftsmann Afzal Kahn ersteigert das Nummernschild „F1" für seinen Mercedes-Benz McLaren SLR.

2009 gilt als größtes Krisenjahr der Moderne. Von den neun führenden Autokonzernen kommen nur VW, Fiat und BMW recht gut davon, GM leidet und muss im folgenden Jahr vom Staat gerettet werden. Für Toyota wird es ein echtes Horrorjahr. Daimler gibt am 28. April seine letzten 19,9 Prozent an Chrysler auf und verzichtet auf sämtliche finanziellen Forderungen, die noch bestehen. Dafür steigt der Konzern am 19. Mai beim US-Elektroauto-Hersteller Tesla mit knapp zehn Prozent ein für einen zweistelligen Millionen-Betrag.

Am 7. April 2010 vereinbaren Daimler und Renault eine Überkreuzbeteiligung von 3,1 Prozent. So soll das Klein- und Kompaktwagensegment gestärkt werden.

Zwei für die Zukunft: Tesla Roadster und smart fortwo Electric Drive. Im Mai 2009 übernimmt die Daimler AG einen Unternehmensanteil von knapp 9,1 Prozent an der Tesla Motors Inc. Im Oktober 2014 verkaufen die Stuttgarter ihre Tesla-Anteile für mehr als 600 Millionen Euro.

Niederlassung Stuttgar
electric drive

Mercedes-Benz SL 350, SL 500, SL 600

Technische Daten	
Code:	R 230
Bauart:	Roadster
Baujahr:	2001 – 2011
Motor:	V6, V8, V12-Biturbo
Hubraum:	3724 – 5513 ccm
Leistung:	245 – 500 PS
Getriebe:	sequezieller Sechsgang-Handschalter
Antrieb:	Hinterräder
Gewicht:	1755 – 2120 Kilogramm
Vmax:	250 km/h

Die Fachwelt und das Publikum empfangen den neuen SL – zunächst nur mit Fünfliter-V8 – mit offenen Armen. Er glänzt mit der „Active Body Control", einem System gegen Nick- und Wankbewegungen. Ebenfalls neu ist die SBC-Bremse, eine elektrohydraulische Hochdruckbremse. Das Vario-Dach erlaubt eine drehbare Heckscheibe, hat Infrarotfernbedienung und eine schwenkbare Gepäckhaube. Kurz nach dem SL 500 folgen 350 und 600. Letzterer – mit dem V12-Biturbo aus dem kommenden Maybach – sprintet in 4,6 Sekunden von 0 auf 100 km/h. Ab 2003 kann der SL mit der neuen Siebengang-Automatik geordert werden, Mercedes nennt sie „7 G-Tronic". Nur eines ist der SL nicht: billig. Wer Eigner werden will, muss im Jahr 2003 mindestens 77.000 Euro auf den Tisch legen, ab 128.000 Euro gibt es den V12.

Mercedes-Benz E 200 CDI, E 220 CDI, E 270 CDI, E 320 CDI, E 400 CDI, E 200, E 240, E 320, E 500, inkl. T-Modell

Technische Daten	
Code:	W 211, S 211
Bauart:	Limousine, Kombi
Baujahr:	2002 – 2009
Motor:	R4, R4-Turbodiesel, R5-Turbodiesel, V6-Turbodiesel,V6, V8, V8-Turbodiesel
Hubraum:	1796 – 4966 ccm
Leistung:	122 – 306 PS
Getriebe:	Handschalter, Fünfgang-Automatik
Antrieb:	Hinterräder, Allrad
Gewicht:	1600 – 1865 Kilogramm
Vmax:	203 – 250 km/h

Die neue E-Klasse ist eine Herausforderung für Daimler-Benz – schließlich gilt es, einen satten Marktanteil in der oberen Mittelklasse zu verteidigen. In Westeuropa und im Fernen Osten liegt er bei 20 Prozent in diesem Segment, ähnlich in den USA, in Deutschland sogar bei 40 Prozent. Abgesehen von den AMG-Varianten sind wie bei den anderen Baureihen drei Ausstattungslinien zu haben – Classic, Elegance und Avantgarde. Noch beeindruckender aber ist die Motorenvielfalt: Der Kunde kann zwischen sieben Varianten wählen.

Mercedes-Benz CLK 270 CDI, CLK 200 Kompressor, CLK 200 CGI, CLK 240, CLK 320, CLK 500 Coupé und Cabrio

Die zweite CLK-Generation bietet vor allem innen mehr Platz und mehr Features wie Multifunktionslenkrad, Klimaautomatik, Regensensor und viele weitere Extras. Die Optionsliste wächst beträchtlich mit der automatischen Abstandsregelanlage Distronic, mit der Keyless-Go-Zugangsberechtigung, einem Schiebe-Hebedach, der Sprachregelung fürs Telefon und mehr. Top-Modell (außer der AMG-Version) ist der CLK 500 mit 306 PS starkem Fünfliter-V8. Er ist für rund 56.000 Euro zu haben. Das Cabrio kostet rund 6000 Euro mehr und bringt knappe 1,8 Tonnen auf die Waage – im Schnitt wiegen die Cabrios 120 Kilogramm mehr als die Coupés. Alle Cabrioversionen kommen rund ein Jahr nach dem Coupé und besitzen ein dreilagiges Verdeck.

Technische Daten	
Code:	A 209, C 209
Bauart:	Coupé, Cabriolet
Baujahr:	2002 – 2010
Motor:	R4-Kompressor, R5-Diesel, V6-Kompressor, V8
Hubraum:	1796 – 4966 ccm
Leistung:	163 –306 PS
Getriebe:	Sechsgang-Handschalter, Fünfgang-Automatik
Antrieb:	Hinterräder
Gewicht:	1540 – 1785 Kilogramm
Vmax:	220 – 250 km/h

Mercedes-Benz Maybach 57, Maybach 62

2002 will Mercedes in der Superluxusklasse mitspielen und präsentiert nicht nur eine neue Limousine, sondern gleich eine neue Marke: Maybach. Der Maybach 57 (5,7 Meter lang) hat einen 3390 Millimeter langen Radstand, beim größeren 62 (6,2 Meter lang) sind es 3827 Millimeter. Die Modelle sind mit allem ausgestattet, was die Dame und der Herr von Welt benötigen – und noch viel mehr. Das reicht bis zum Sternenhimmel im Interieur, der die Sternenkonfiguration bei der Geburt des Besitzers darstellen kann. Oder bis zur Flakon-Beduftungsanlage, die 2009 erstmals im Sondermodell „Zeppelin" zu erschnüffeln ist.

Der kurze Maybach kostet rund 390.000 Euro, der lange 460.000. Im Gedächtnis bleibt besonders die Präsentation des Autos (Überfahrt auf der Queen Mary II in einem Glascontainer nach New York, danach per Lastenhubschrauber in die Wall Street).

Kritiker bemängeln die Ähnlichkeit des Maybach zu der Basis, auf der er steht (S-Klasse W 140). Am 17. Dezember 2012 wird das letzte Modell gefertigt. Allerdings lebt der Name des großen Motorenkonstrukteur ab 2014 weiter: Unter der Sub-Marke Mercedes-Maybach werden Fahrzeuge von Mercedes-Benz in noch exklusiverer Form angeboten werden.

Technische Daten	
Code:	W 240
Bauart:	Limousine
Baujahr:	2002 – 2012
Motor:	V12-Biturbo
Hubraum:	5513 ccm
Leistung:	550 PS
Getriebe:	Fünfgang-Automatik
Antrieb:	Hinterräder
Gewicht:	2735 Kilogramm, 2855 Kilogramm
Vmax:	250 km/h

Mercedes-Benz SLK 200 Kompressor, SLK 280, SLK 300, SLK 350

Technische Daten	
Code:	R 171
Bauart:	Roadster
Baujahr:	2004 – 2011
Motor:	R4-Kompressor, V6
Hubraum:	1796 – 3498 ccm
Leistung:	163 – 305 PS
Getriebe:	Sechsgang-Handschalter
Antrieb:	Hinterräder
Gewicht:	1390 – 1540 Kilogramm
Vmax:	226 – 250 km/h

Schon die erste Generation des kleinen Mercedes-Roadsters war erfolgreich – klar, dass die zweite Auflage nicht lange auf sich warten lässt. Sie sieht etwas männlicher aus und erinnert vorn an den Supersportler Mercedes-McLaren SLR. Das Dach ist weiterentwickelt, was vor allem mehr Platz im Kofferraum zur Folge hat. Für Stirnrunzeln sorgt bei eingefleischten Cabriofahrern die Innovation „Airscarf": Erwärmte Luft wird durch den Sitz zum Nacken der Insassen befördert – Kritiker sehen darin eine Verwässerung des Cabriogedankens (wie übrigens beim Windschott auch). Rund 220.000 Stück des in Bremen gebauten Sportlers finden zahlende Freunde.

Mercedes-Benz CLS 32 CDI, CLS 350 CDI, CLS 280, CLS 300, CLS 350, CLS 350 CGI, CLS 500

Technische Daten	
Code:	C 219
Bauart:	Limousine
Baujahr:	2004 – 2010
Motor:	V6, V6-Turbodiesel, V8
Hubraum:	2987 – 5461 ccm
Leistung:	224 – 388 PS
Getriebe:	Siebengang-Automatik
Antrieb:	Hinterräder
Gewicht:	1730 – 1920 Kilogramm
Vmax:	245 – 250 km/h

Als Mercedes 2004 mit der brandneuen CLS-Klasse kommt, wollen die Stuttgarter damit das erste „viertürige Coupé" anbieten. Dazu lässt sich zweierlei bemerken: Erstens haben echte Coupés nur zwei Türen und zweitens – wenn man es trotzdem anerkennen will – gebührt dem Rover P5B der Titel des ersten, denn der kam 1962 mit einer kupierten Dachversion und vier Türen auf den Markt. Der CLS basiert auf der E-Klasse. Zunächst wird das Modell als 350 und 500 angeboten. Im Laufe der Zeit ersetzt der 350 CDI den 320er, der 300 den 280, der direkteinspritzende 350 CGI den 350. Der CLS 500 wird 2006 kräftig gestärkt – statt 306 PS gibt es nun 388 PS aus einem 5,5-Liter V8. Insgesamt werden etwa 170.000 Stück gebaut.

Mercedes-Benz A 150, A 160, A 170, A 180, A 200, A 200 Turbo, A 160 CDI, A 180 CDI, A 200 CDI

Man kann nicht behaupten, dass die zweite Generation der A-Klasse eine wesentlich bessere Linienführung hat als die erste, aber problemloser hoher Einstieg und kompakte Abmessungen finden nach wie vor Freunde. Die neue Sandwich-Ausgabe kommt mit größerer Spurweite und ist jetzt auch als dreitüriges „Coupé" zu haben. Das kommt im November 2004 auf den Markt, findet aber nicht viele Fans – weswegen 2010 (also früher als bei der gesamten Baureihe) Schluss damit ist. Man kann ein stufenloses Automatikgetriebe bestellen, 2005 gibt es das Topmodell A 200 Turbo. 2008 führt Mercedes ein kleines Facelift durch, 2010 wird auch der Turbo vom Markt genommen. A 160, A 180 und A 180 CDI gibt es auch als BlueEfficiency-Modelle, was bedeutet, dass statt des üblichen Fünfgang-Schaltgetriebes das stufenlose Automatikgetriebe eingebaut ist und weitere Spritsparmaßnahmen beinhaltet sind.

Technische Daten	
Code:	W 169, C 169
Bauart:	Limousine, Coupé
Baujahr:	2004 – 2012
Motor:	R4, R4-Turbo, R4-Turbodiesel
Hubraum:	1498 – 2034 ccm
Leistung:	82 – 193 PS
Getriebe:	Fünf-und Sechsgang-Handschalter, stufenlose Automatik
Antrieb:	Vorderräder
Gewicht:	1195 – 1365 Kilogramm
Vmax:	165 – 228 km/h

Mercedes-Benz SLR McLaren, SLR 722, SLR 722 GT, SLR Stirling Moss

Technische Daten	
Code:	C 199, R 199
Bauart:	Coupé
Baujahr:	2004 – 2009
Motor:	V8-Kompressor
Hubraum:	5439 ccm
Leistung:	626 – 680 PS
Getriebe:	Fünfgang-Automatik
Antrieb:	Hinterräder
Gewicht:	1768 Kilogramm
Vmax:	334 km/h

Auf der IAA 2003 steht ein neuer Sportwagenhammer – der SLR McLaren, ganz in der Tradition von SSK und 300 SL. Das Auto entsteht in Partnerschaft mit dem Formel-1-Team McLaren, gebaut wird der Über-GT im englischen Woking bei McLaren. Der Frontmittelmotor ist ein 626 PS starker V8, der von einem Kompressor unterstützt wird. Neben der Form mit dem ewig langen Vorbau aufgrund zweier je 620 Millimeter langer Crashboxen fällt die „Airbrake" auf: Auf

dem Heck wartet eine Luftbremse auf Arbeit. Im Fahrbetrieb steht sie in einem Winkel von zehn Grad, bei starkem Bremsen stellt sie sich bis zu 65 Grad auf. Dadurch erhöhen sich sowohl der Luftwiderstand als auch der Druck auf die Hinterachse, was sie stabiler macht.
Die Karosserie besteht aus Kunststoff (CFK), der Motor ist von AMG entwickelt und arbeitet als Basisausführung im SL 55 AMG. Das Getriebe ist das stärkste, das bislang für Personenwagen entwickelt worden ist. So bestückt gelingt der Sprint in 3,8 Sekunden. Preis: 435.000 Euro. Gut 2100 Exemplare werden ausgeliefert. Als SLR 722 gibt es den Wagen im Jahr 2006 als 650 PS starkes Sondermodell. 150 Stück werden verkauft. 2007 schiebt Mercedes noch 21 Stück des 680 PS starken 722 GT nach, 2009 gibt es die Edition „Stirling Moss" ohne Dach mit 680 PS – genau 75 Mal.

Mercedes-Benz R 280, R 300, R 320, R 350, R 400, R 500, R 280 CDI, R 300 CDI, R 320 CDI, R 350 CDI

Technische Daten	
Code:	W 251
Bauart:	Großraumlimousine
Baujahr:	2005 – 2012 (2017)
Motor:	V6, V6-Turbodiesel, V8
Hubraum:	2987 – 5461 ccm
Leistung:	190 – 388 PS
Getriebe:	Siebengang-Automatik
Antrieb:	Hinterräder, Allrad
Gewicht:	2130 – 2375 Kilogramm
Vmax:	210 – 250 km/h

Erst nennt Mercedes seinen R-Riesen „Grand Sports Tourer", dann wird es ein „SUV-Tourer", aber keine Bezeichnung kann so wirklich das neuartige Fahrzeugkonzept auf Basis der M-Klasse beschreiben, mit dem Mercedes-Benz seine Rolle als Vordenker und Trendsetter stärken möchte. Anfangs sind eine Kurz- und eine Langversion des 4+2-Sitzers zu haben. 2010 ist eine große Modellpflege angesagt, es gibt erstmals einen Totwinkel-Assistenten. 2012 ist Schluss mit R-Klasse, nur in China wird sie in langer Version noch bis 2017 angeboten. Der Erfolg blieb bescheiden: Nur etwas mehr als 200.000 Kunden entschieden sich für diese Modellreihe, die angetreten war, alle Vorteile bekannter Fahrzeugkategorien wie sportliche Limousine, Kombi, Van und „Sports Utility Vehicle" (SUV) in einem Auto zu einem neuen, eigenständigen Charakter zu vereinen.

Mercedes-Benz ML 350, ML 500, ML 450 Hybrid, ML 280 CDI, ML 300 CDI, ML 320 CDI, ML 350 CDI, ML 420 CDI, ML 450 CDI

War schon die erste M-Klasse ein SUV, wird der Nachfolger noch SUViger: Mercedes hält es für überflüssig, dem Nachfolger des W 163 ein Reduktionsgetriebe einzubauen. Der Grund: Die M-Klasse flaniert vorrangig auf Boulevards. Wer trotzdem offroad will, kann ein spezielles Paket bestellen, das unter anderem einen Unterfahrschutz, einen Kompass, Sperrdifferenziale und natürlich die Geländereduktion enthält. Technisch ähnelt die neue M- der R- und der GL-Klasse. Eine selbsttragende Karosserie macht jetzt den bislang verwendeten Leiterrahmen überflüssig. 2008 folgt eine behutsame Modellpflege. Anfangs sind zwei Benzin- und zwei Dieselversionen zu haben, 2007 kommen hauptsächlich zwei starke V8-Turbodiesel hinzu. Natürlich ist auch eine AMG-Version zu haben. Wichtiger aber ist die von 2010 bis 2011 verkaufte Hybridversion mit einem 3,5-Liter-V6 plus zwei Elektromotoren. Einer davon unterstützt eher das Anfahren, der andere eher den Verbrennermotor.

Technische Daten	
Code:	W 164
Bauart:	SUV
Baujahr:	2005 – 2011
Motor:	V6, V6-Turbodiesel, V6 plus zwei Elektromotoren, V8, V8-Turbodiesel
Hubraum:	2987– 5461 ccm
Leistung:	190 – 388 PS
Getriebe:	Siebengang-Automatik
Antrieb:	Allrad
Gewicht:	2135 – 2315 Kilogramm
Vmax:	205 – 250 km/h

Mercedes-Benz S 300, S 350, S 400 Hybrid, S 450, S 500, S 600, S 250 CDI, S 320 CDI, S 350 CDI, S 430 CDI, S 450 CDI

Technische Daten	
Code:	W 221
Bauart:	Limousine
Baujahr:	2005 – 2013
Motor:	R4-Biturbodiesel, V6, V6-Turbodiesel, V6 plus E-Motor, V8, V8-Biturbo, V8-Biturbodiesel, V12-Biturbo
Hubraum:	2143 – 5513 ccm
Leistung:	204 – 517 PS
Getriebe:	Fünf- und Siebengang-Automatik
Antrieb:	Hinterräder
Gewicht:	1880 – 2270 Kilogramm
Vmax:	240 – 250m km/h

Nachdem der W-140-Nachfolger W 220 wesentlich filigraner ausgefallen ist, wächst die neue S-Klasse mit dem Kürzel W 221 – es ist schon die neunte Generation – nun wieder. Die Langversionen heißen V 221, als gepanzerte „Guard" sind S 600 L und S 450 CDI zu haben. 2008 wird ein gepanzerter Pullmann vorgestellt mit einer Gesamtlänge von 6,36 Metern. In Sachen Motor bleiben keine Wünsche offen: Abgesehen von den AMG-Versionen sind acht Benzin- und sieben Dieselvarianten zu haben. Der S 400 Hybrid ist weltweit das erste kombinierte Verbrenner- und E-Motorauto mit Lithium-Ionen-Akku. Eine Modellpflege folgt 2009, sie bringt unter anderem eine neue Notbremsfunktion und einen Aufmerksamkeits-Assistenten.

Mercedes-Benz GL 320 CDI, GL 350 CDI, GL 420, CDI, GL 450, GL 500

Technische Daten	
Code:	X 164
Bauart:	SUV
Baujahr:	2006 – 2012
Motor:	V6-Turbodiesel, V8, V8-Biturbodiesel
Hubraum:	2987 – 5461 ccm
Leistung:	224 –388 PS
Getriebe:	Siebengang-Automatik
Antrieb:	Allrad
Gewicht:	2430 – 2550 Kilogramm
Vmax:	210 – 240 km/h

Mercedes nennt den GL „Geländelimousine", aber die Amerikaner kommen dem Auto näher mit der Bezeichnung „Fullsize SUV". Ganz klar für den US-Markt ist dieser mindestens knapp zweieinhalb Tonnen schwere Siebensitzer gedacht, er wird auch dort gebaut. 2009 ändert sich das Motorenangebot ein bisschen – der 320 SDI wird zum BlueEfficiency, der 320er zum 350er, der 420 CDI zum 450 CDI, der Rest der Änderungen betrifft Assistenzsysteme und Räder.

Mercedes-Benz CL 500, CL 600

Auch in der neuen S-Klasse bietet Mercedes traditionell ein Coupé an – den CL. Die Motorenauswahl ist allerdings wesentlich kleiner als bei der Limousine: Außer den AMG-Versionen gibt es den CL nur mit 388 PS starkem V8 (2010 ersetzt durch den 4663 ccm großen direkteinspritzenden V8-Biturbo) und als CL 600 mit Biturbo-V12. Fast 40 Prozent aller Wagen gehen nach Nordamerika, der CL 500 ist auf Wunsch auch mit Allradantrieb zu haben. Gut 30.000 Stück werden verkauft, der Preis beginnt 2006 bei 106.000 Euro, 2010 muss man schon mindestens 120.000 Euro für das schöne große Coupé berappen.

Technische Daten	
Code:	C 216
Bauart:	Coupé
Baujahr:	2006 – 2013
Motor:	V8, V8-Biturbo, V12-Biturbo
Hubraum:	4663 – 5513 ccm
Leistung:	388 – 517 PS
Getriebe:	Fünf- und Siebengang-Automatik
Antrieb:	Hinterräder, Allrad
Gewicht:	1995 – 2245 Kilogramm
Vmax:	250 km/h

Mercedes-Benz C 180 Kompressor, C 180, C 200 Kompressor, C 200, C 250, C 230, C 280, C 300, C 350, C 350 CGI, C 180 CDI, C 200 CDI, C 220 CDI, C 250 CDI, C 300 CDI, C 320 CDI, C 350 CDI

Die neue C-Klasse kommt 2007 – der kleinste Mercedes mit Hinterradantrieb, dem Ende des Jahres 2007 bereits die Kombiversion folgt. Die Möglichkeiten der Motorisierungen sind für die Kunden wieder riesengroß, auch AMG-Versionen sind zu haben. Die technischen Innovationen halten sich im Rahmen, allerdings wächst das Auto im Vergleich zu seinem Vorgänger. Das gilt auch für den Kombi, der zwischen 485 und 1500 Liter Kofferraumvolumen anbietet. Wie üblich folgt bald eine Modellpflege, bei der C-Klasse ist es 2011 soweit. Dabei wird das Cockpit nah am CLS designt, der Zusatz CGI für direkteinspritzende Motoren entfällt. Viele Assistenzsysteme aus der E-Klasse ziehen jetzt auch in die kleinere Modellreihe ein. Angeblich absolviert die neue C Klasse mit 24 Millionen Testkilometern die längste Strecke, die ein neues Mercedes-Modell bislang bestehen musste.

Technische Daten	
Code:	W 204, S 204
Bauart:	Limousine, Kombi
Baujahr:	2007 – 2014
Motor:	R4-Biturbo, R4-Turbodiesel, V6, V6-Turbodiesel, V8
Hubraum:	2143 – 3498 ccm
Leistung:	120 – 306 PS
Getriebe:	Sechsgang-Schaltgetriebe, Siebengang-Automatik
Antrieb:	Hinterräder
Gewicht:	1485 – 1810 Kilogramm
Vmax:	201 – 250 km/h

Mercedes-Benz GLK 200, GLK 250, GLK 280, GLK 300, GLK 350, GLK 200 CDI, GLK 220 CDI, GLK 250 CDI, GLK 320 CDI, GLK 350 CDI

Technische Daten	
Code:	X 204
Bauart:	SUV
Baujahr:	2008 – 2015
Motor:	R4-Turbo, R4-Turbodiesel, R4-Biturbodiesel, V6, V6-Turbodiesel
Hubraum:	1991 – 3498 ccm
Leistung:	143 – 306 PS
Getriebe:	Sechsgang-Handschalter, Siebengang-Automatik
Antrieb:	Hinterräder, Allrad
Gewicht:	1790 – 1925 Kilogramm
Vmax:	195 – 238 km/h

Der „Geländewagen Luxus Kompaktklasse" ist ein weiteres SUV von Mercedes – der GLK steht auf Basis der C-Klasse. Einstiegsmodell ist zunächst der GLK 280 4Matic, also die allradgetriebene Version mit Dreiliter-V6 und 231 PS. 2009 folgt mit dem GLK 220 CDI der erste GLK, der nur Hinterradantrieb besitzt – dann kommen noch die kleinen Versionen GLK 200 und GLK 250. Vom GLK ist ausnahmsweise mal keine AMG-Variante zu haben, aber 306 PS im GLK 350 4Matic, erzeugt von einem 3,5-Liter-V6 mit Direkteinspritzung, sind auch nicht zu verachten. Der Einstiegspreis beträgt zunächst gut 40.000 Euro, später werden kleinere Motorvarianten eingeführt, womit er auf rund 35.000 Euro sinkt. Etwas mehr als 540.000 Exemplare werden gefertigt – zunächst in Bremen, später auch in China.

Mercedes-Benz E 200, E 250, E 300, E 320, E 350 CGI, E 350, E 400, E 500, E 220 CDI, E 250 CDI, E 350 CDI Coupé und Cabrio

Technische Daten	
Code:	A 207, C 207
Bauart:	Coupé, Cabrio
Baujahr:	2009 – 2017
Motor:	R4-Turbo, R4-Biturbodiesel,V6, V6-Biturbo, V6-Turbodiesel, V8, V8-Biturbo
Hubraum:	1796 – 4663 ccm
Leistung:	163 – 408 PS
Getriebe:	Sechsgang-Handschalter, Sieben-und Neungang-Automatik
Antrieb:	Hinterräder, Allrad
Gewicht:	1585 – 1945 Kilogramm
Vmax:	232 – 250 km/h

„E-Klasse Coupé. Objekt der Begierde" … das ist der Slogan für das neue E-Klasse-Coupé, als es ab Mitte 2009 bei den Händlern steht. Die Cabriovariante (A 207) folgt erst 2010, hier lässt sich das Marketing „E-Klasse Cabrio. Folgt keiner Strömung, gibt sie vor" einfallen. Basis ist die C-Klasse, technisch werden 60 Prozent der E-Klasse genutzt. Das Coupé ist mit einem Luftwiderstandsbeiwert von nur 0,24 aerodynamisch ausgesprochen günstig gestaltet. 2013 gibt es eine Modellpflege und somit den E 350 auch als Allradler.

Mercedes-Benz E-Klasse E 200, E 200 NGT, E 250, E 300, E 350 CGI, E 400, E 400 Hybrid, E 500, E 200 CDI, E 220 CDI, E 250 CDI, E 300 BlueTec Hybrid, E 350 CDI, inkl. T-Modell

Die neue E-Klasse rollt in einer noch nicht dagewesenen Motorvariantenvielfalt zu den Händlern – bis hin zum Hybrid: Der E 300 BlueTec Hybrid besitzt einen 204 PS starken Vierzylinder-Diesel plus einen 27 PS starken Elektromotor. Das Design wird eckig, das Vieraugen-Gesicht besteht nun aus eckigen Scheinwerfern. Die Automatikgetriebe werden über einen Wählhebel an der Lenksäule befehligt. Der E 350 Bluetec wird 2013 mit einer Neungangautomatik bestückt. Das T-Modell bietet als Innovation eine (optionale) versenkte dritte Sitzreihe im Kofferraum. Wird sie benutzt, können zwei Kinder hinten sitzen – entgegen der Fahrtrichtung. Für die Erprobung haben die Ingenieure noch mehr Testkilometer absolviert als mit der C-Klasse zuvor – und zwar 36 Millionen, was etwa 900 Erdumrundungen entspricht.

Technische Daten	
Code:	W 212, S 212
Bauart:	Limousine, Kombi
Baujahr:	2009 – 2016
Motor:	R4-Turbo, R4-Kompressor, R4-Turbodiesel mit Elektromotor, R4-Turbodiesel, V6, V6-Biturbo, V6 plus Elektromotor, V6-Turbodiesel, V8, V8-Biturbo
Hubraum:	1991 – 5461 ccm
Leistung:	136 – 408 PS
Getriebe:	Sechsgang-Handschalter, Fünf-und Siebengang-Automatik
Antrieb:	Hinterräder, Alllrad
Gewicht:	1615 – 2075 Kilogramm
Vmax:	205 – 250 km/h

„Gemessenen Schrittes ging Mercedes-Benz-Chef Werner Niefer … um das Kukucksei herum, das so gar nicht in die bislang großvolumige, konservative Mercedes-Welt passte. Das 1:1-Tonmodell maß gerade mal zweieinhalb Meter in der Länge, war höher als breit, posierte in schrillen Farben und war dem Vorstand als ‚Nafa' (Nahverkehrsfahrzeug) ins Nest gelegt worden. ‚Du, Eberhard,', sagte Niefer aufgeschlossen zum Vertriebsvorstand Eberhard Herzog, ‚kannst Du den verkaufen?' Herzog zögerte keine Sekunde: ‚Laß mich mal machen. Den verkauf' ich.'"

So begann ich 1997 meine Story im *Stern* über die Anfänge des smart im Jahr 1992 und seines Vaters, dem Ingenieur Johann Tomforde. Der war nämlich zu Zeiten von Niefers Entscheidung Centerleiter des Strategischen Designs in Sindolfingen, und die kleine Kiste war seine Idee. Er hatte noch nie etwas anfangen können mit den großen Wagen der Firma. Bereits die ersten Skizzen aus dem Jahr 1972 weisen einen neuen, zukunftsträchtigen Weg. Anfang 1990 entstehen erste Konzeptzeichnungen, zunächst mit zwei Sitzen nebeneinander. Aber man kommt bald darauf, dass versetzte Sitze das Auto schmaler werden lassen können. Knackpunkt ist die Sicherheit – so erfindet man das Sandwichprinzip mit dem doppelten Boden und die Tridion-Sicherheitszelle. Der Name des Winzlings ist schnell gefunden: MCC – Mercedes City Car.

Ende 1992 meldet sich „Mister Swatch" Nicolas Hayek bei Mercedes, müde vom „gegen-die-Wand-rennen" bei VW in Sachen Swatch-Mini als City-Auto. Am 20. Januar 1993 besiegeln Mercedes und Swatch die Zusammenarbeit. Tomforde wechselt zur Micro Compact Car GmbH, die nun zu 81 Prozent Daimler-Benz gehört. Im April

Optimales Stadtcabrio: Ab Frühjahr 2000 rollen die kleinsten Seriencabriolets der Welt auf europäischen Straßen, die smart cabrios.

1997 verlässt die erste von vier Vorserien à 40 Autos die neue Fabrik in Hambach. Der Name des Autos: smart – für swatch, mercedes und art (englisch für Kunst). Weltpremiere ist im selben Jahr auf der IAA in Frankfurt.

1998 gehört smart zu 100 Prozent Daimler-Benz: Im Zuge der Entwicklung des smart fortwo (damals noch „City Coupé“ genannt) steigt Hayek aus dem Projekt aus, weil er sich an den steigenden Entwicklungskosten nicht mehr beteiligen will und für Elektromotoren an den Rädern plädiert, die Mercedes aber nicht bauen will. Im September 2002 wird aus der Micro Compact Car Smart GmbH die Smart GmbH. Verkauft werden die Autos vorranging aus gläsernen Türmen, den „smart centern“. Mit dem Jahreswechsel 2005/2006 machen die meisten Center wegen Neuausrichtung der Vertriebsstruktur dicht. 2002 übrigens schließen sich smart und der Bottroper Fahrzeugveredler Brabus in einem gemeinsamen Unternehmen zusammen. 2003 werden die vom Joint Venture smart-BRABUS GmbH entwickelten BRABUS-Versionen vorgestellt. Noch heute baut Brabus regelmäßig starke und wilde smart-Derivate.

Mit dem smart crosstown samt Hybridantrieb beginnt die smart GmbH 2005 mit einer Reihe von Showcars. Dazu gehören der elektrisch betriebene smart fortwo ev (electric vehicle) und ein smart fortwo mit Erdgasantrieb, ein mild hybrid sowie ein cdi hybrid. Mit dem formore stellt smart 2006 ein allradgetriebenes Geländewagen-Konzept vor. Seit 2007 ist smart vollständig in die Organisation des Daimler-Geschäftsfelds Mercedes-Benz Cars integriert. Ende des Jahres startet smart in London ein Pilotprojekt mit dem smart fortwo electric drive.

Auf der IAA im September 2017 zeigt smart ein hypermodernes Showcar: Der smart vision electric drive fortwo ist eine Konzeptstudie komplett ohne Lenkrad und Pedale. Die Autosteuerung erfolgt entweder mittels Mobilfunkgerät oder Spracheingabe. Ausgestattet ist das Modell mit einem Lithium-Ionen-Akku, der eine Kapazität von 30 Kilowattstunden hat. Das Fahrzeug ist in der Lage, bei Nichtbenutzung selbstständig eine Ladestation anzusteuern. Es kann aber auch über eine automatische Verbindung mit dem Netz Strom an andere Kleinverbraucher abgeben.

Nur optisch ein smart: Der viersitzige smart Forfour teilt sich die Plattform mit der 6. Generation des Mitsubishi Colt. Als Antriebe werden Drei- und Vierzylinder mit 1,1 bis 1,5 Litern Hubraum angeboten.

smart city coupé, smart city coupé cdi

Kaum ist der smart auf dem Markt, polarisiert er. Die einen sehen in dem Winzling die Lösung aller Parkprobleme (was er mit einer Länge von 2,5 Meter meistens tatsächlich ist, weil das Querparken damit erlaubt ist), die anderen sind entsetzt über das unkultivierte Fahrverhalten. Besonders das automatisierte, sequenzielle Sechsganggetriebe steht in der Kritik – starke Lastwechselreaktionen treffen spätes Reagieren, und der kurze Radstand macht die Fahrt über Bodenwellen auch nicht zum Vergügen. Während die Diskussion um die Einführung eines Drei-Liter-Autos am Anfang des neuen Jahrtausends weiterhin die Welt bewegt, lanciert smart kurz nach der Präsentation auf der IAA Ende 1999 bereits den direkteinspritzenden cdi-Motor mit einem Laborverbrauch von nur 3,4 Litern auf 100 Kilometern. Bis zum Nachfolger, der 2007 kommt, werden immerhin mehr als 140.000 smart cdi verkauft werden.

Technische Daten	
Code:	C 450
Bauart:	Coupé
Baujahr:	1998 – 2007
Motor:	R3, R3-Diesel
Hubraum:	599 ccm, 799 ccm
Leistung:	41 – 55 PS
Getriebe:	sequenzieller automatisierter Sechsgang-Handschalter
Antrieb:	Hinterräder
Gewicht:	720 Kilogramm, 730 Kilogramm
Vmax	135 km/h

smart roadster, smart roadster coupé

2003 kommen zwei neue Spielarten des smart auf den Markt: der smart roadster und das smart roadster coupé. Puristischer geht's kaum, kleiner auch nicht. Beide Modellvarianten sind bis auf den Kofferraum identisch. Der roadster besitzt ein Stufenheck, das coupé führt eine Glaskuppel mit sich, darunter ist etwas Stauraum. Als Dach sind Hardtop oder Softtop zu haben. Das Hardtop besteht aus zwei festen Hälften, die sich im Kofferraum verstauen lassen. Das elektrische Faltstoffverdeck faltet sich unter dem Bügel der Tridion-Sicherheitszelle zusammen. Zusätzlich kann man die seitlichen Dachholme ausbauen. Als Motoren stehen eine 61- und eine 82-PS-Variante zur Verfügung, aber auch die 101 PS starke Turboversion von Brabus. Basis ist jeweils der 698-ccm-Dreizylindermotor. Wer sich in das roadster coupé zwängen will, sollte übrigens über Knochen aus Gummi verfügen – oder verdammt jung sein.
Ende 2005 wird die Produktion der beiden Autos und der Brabus-Version eingestellt. Rund 43.000 Stück werden gebaut.
Bei der Firma Brabus entstehen auch im Rahmen einer Machbarkeitsstudie bis 2003 insgesamt 10 Protoypen, die zeigen sollen, was technisch möglich ist: Im smart roadster-coupé Brabus V6 Biturbo (kleines Bild) sorgen zwei miteinander verbundene Serientriebwerke für 170 PS. Heute existiert nur noch ein fahrbereites Exemplar dieses nicht straßenzugelassenen Power-smart, das sich im Besitz der Firma Brabus befindet.

Technische Daten	
Code:	R 452, C 452
Bauart:	Roadster, Coupé
Baujahr:	2003 – 2005
Motor:	R3-Turbo
Hubraum:	698 ccm
Leistung:	61 PS, 82 PS
Getriebe:	sequenzieller automatisierter Sechsgang-Handschalter
Antrieb:	Hinterräder
Gewicht:	790 – 810 Kilogramm
Vmax	160 – 180 km/h

smart fortwo, smart fortwo cabrio, smart fortwo cabrio micro hybrid drive

Knapp zehn Jahre, nachdem die ersten smart der Vorserie vom Band gerollt sind, kommt der neue smart fortwo in der zweiten Generation auf den Markt. Um die CO_2-Emissionen der Benziner zu vermindern, bietet smart ab Herbst 2007 in Europa optional neuerdings den smart fortwo mhd (micro hybrid drive) an. Mit „Hybrid" im herkömmlichen Sinne hat das allerdings nichts zu tun: Es ist ein einfaches Start-Stopp-System für den 71-PS-Benziner. Es stellt den Motor automatisch ab, sobald eine Geschwindigkeit von acht km/h unterschritten und die Bremse betätigt wird. Nimmt der Fahrer den Fuß von der Bremse, startet der Motor wieder. Der Normverbrauch verringert sich damit um etwa 0,4 Liter. Ab Oktober 2008 erhalten sowohl der smart fortwo mit 71 PS als auch der 61-PS-Benziner das Mildhybrid-System serienmäßig.

Der smart fortwo ist serienmäßig mit einem automatisierten manuellen Fünfganggetriebe (softip) ausgestattet. Das bedeutet: Es gibt kein Kupplungspedal. Zum Hochschalten muss der Schalthebel auf der Mittelkonsole kurz nach vorne gedrückt werden. Wird er nach hinten gezogen, wechselt das Getriebe in einen niedrigeren Gang. Die Version „passion" verfügt serienmäßig über das automatische Schaltprogramm „softouch", das auf Knopfdruck am Schaltknauf von der manuellen Schaltfunktion (softip) auf ein automatisches Schaltprogramm (softouch) umschaltet. Auf Wunsch kann der Kunde auch optional über Schaltwippen am Lenkrad schalten.

Das neue Cabriolet verfügt über eine beheizbare Glas-Heckscheibe, außerdem lässt sich das Verdeck jetzt ohne einen Zwischenschritt komplett herunter- und hochfahren.

Technische Daten	
Code:	C 451, A 451
Bauart:	Coupé, Cabriolet
Baujahr:	2007 – 2015
Motor:	R3, R3-Turbo, R3-Turbodiesel
Hubraum:	799 ccm, 999 ccm
Leistung:	45 – 84 PS
Getriebe:	Fünfgang-Handschalter, Sechsgang-Doppelkupplung
Antrieb:	Hinterräder
Gewicht:	825 – 945 Kilogramm
Vmax	135 km/h, 145 km/h

smart fortwo eq, smart fortwo cabrio eq, smart forfour eq

Die Elektrifizierung des smart hat eine lange Geschichte: 2005 zeigt smart erstmals den smart electric drive, schon 2007 fährt in London eine Testflotte. 2009 geht das Modell auf 18 Märkten an den Start. 2012 ist bereits die dritte Generation des Kleinstwagens mit Verbrennungsmotor unterwegs: Für 18.910 Euro kann der Kunde einen 41 PS starken Zwerg als fortwo, als forfour (seit 2014 in Zusammenarbeit mit Renault auf dem Markt) und als fortwo Cabrio kaufen. 2017 findet der Marktstart der Elektroversion der dritten Generation des Smart statt. Der fortwo eq soll bis zu 160 Kilometer Reichweite haben, Tester kommen auf nur 120 Kilometer. Das Auto wird von 82 PS und 160 Newtonmeter befeuert, was für einen Sprint von 4,9 Sekunden reicht – allerdings nur bis zu Tempo 60. Auf die 100-km/h-Marke muss man 11,5 Sekunden warten. Top-Tempo sind etwa 125 km/h, dann rauscht die vorhandene Energie allerdings schnell gegen Null. Der Preis des fortwo: 21.940 Euro. Der forfour – seit 2014 wieder im smart-Programm – kostet schon 22.600 Euro. Für das zweisitzige Cabrio muss man sehr teure 25.200 Euro bezahlen.

Technische Daten	
Code:	W 453, C 453, A 453
Bauart:	Limousine, Coupé, Cabrio
Baujahr:	seit 2017
Motor:	Elektromotor
Hubraum:	entfällt
Leistung:	82 PS
Getriebe:	ein Gang
Antrieb:	Hinterräder
Gewicht:	995 – 1080 Kilogramm
Vmax	125 km/h

Mit voller Kraft ins Elektrozeitalter (2011 – heute)

MIT VOLLER KRAFT INS ELEKTROZEITALTER

In Sachen Motoren startet im Jahr 2011 weltweit das Downsizing, es wird zum Beispiel verstärkt über turbogeladene Dreizylinder-Motoren nachgedacht. An den Zapfsäulen wird das unbeliebte E10-Benzin eingeführt mit fünf bis zehn Prozent Bioethanol. Und Carsharing wird zum Massenphänomen – zwei Jahre später gibt es in Deutschland bereits 757.000 Nutzer. Beim Mercedes-Benz F-Cell-Drive legen drei Brennstoffzellenfahrzeuge von Mercedes in 125 Tagen 30.923 Kilometer zurück.

Erstmalig Brennstoffzellen- und Batterietechnik in einem Plug-in-Hybrid: Mercedes GLC F-Cell. Reichweite: bis zu 478 Kilometer.

Zur Daimler AG gehören 2012 inzwischen nicht nur die Pkw-Marken Mercedes-Benz und smart, sondern auch die Nutzfahrzeugmarken Freightliner, Western Star, BharatBenz, Fuso, Setra und Thomas Built Buses. In diesem Jahr setzt der Konzern mit 275.000 Mitarbeitern 2,2 Millionen Fahrzeuge ab. Der Umsatz liegt bei 114,3 Milliarden Euro, das EBIT beträgt 8,6 Milliarden Euro. Die größten Umsatzbringer im Pkw-Bereich sind die C-Klasse mit CLK und SLK, es folgen E-Klasse und CLS-Klasse. Die Hauptproduktionsstandorte sind Sindelfingen, Untertürkheim, Bremen, Berlin, Hamburg, Rastatt, Kölleda, Tuscaloosa, East London (Südafrika), Kecskemét (Ungarn), Hambach (Frankreich) und Peking.

2013 ist der Fortschritt in Sachen Elektroautos offensichtlich: Es kommen immer mehr Plug-In-Hybride auf den Markt, und der Tesla Model S aus den USA erobert den E-Markt. Mercedes zeigt als erster Autohersteller der Welt mit dem Forschungsfahrzeug S 500 Intelligent Drive, dass autonomes Fahren auch im Überland- und Stadtverkehr möglich ist. Außerdem investieren die Stuttgarter eine Milliarde Euro in den Standort Sindelfingen zum Produktionsstart der neuen S-Klasse. In Bangalore eröffnet die Daimler AG mit Mercedes-Benz Research and Developments India (MBRDI) und 1200 Mitarbeitern das größte Forschungs- und Entwicklungszentrum außerhalb Deutschlands.

Auf der Automesse in Shanghai zeigt Mercedes den GLA als „kompakten Geländewagen der Premiumklasse". Und die Daimler-eigene Carsharing-Firma car2go feiert fünfjähriges Bestehn – sie hat 500.000 Kunden und eine Million Mieter monatlich. Inzwischen ist car2go an 23 Standorten in sieben europäischen und nordamerikanischen Ländern aktiv. Zudem unterzeichnen der Konzern und der britische Sportwagenhersteller Aston Martin Verträge zur technischen Partnerschaft. Dazu gehört, das AMG Motoren an die Briten liefert.

2014 bringt die Daimler AG den dritten Plug-In-Hybriden auf den Markt: Der S 500 trägt als Herzstück einen Hochvolt-Lithium-Ionen-Akku, der extern geladen werden kann. Daimler nennt es die „erste zertifizierte Dreiliter-Luxuslimousine der Welt" – sie wird noch im gleichen Jahr an die Kunden ausgeliefert. Bislang sind bereits der S 400 Hybrid und der Diesel S 300 BlueTec Hybrid auf dem Markt. Außerdem bietet Mercedes mit der B-Klasse Electric Drive das erste „Premium-Elektrofahrzeug in der Kompaktwagenklasse" zunächst auf dem US-Markt und dann in Europa an. Bis 2017 gehören zehn Hybridmodelle zum Portfolio.

Car2Go ist Daimlers Carsharing-Angebot: Im Jahr 2018 sind weltweit rund 3,6 Millionen Nutzer registriert.

Auch andere Hersteller sind aktiv: Toyota liefert 2015 mit dem Mirai das erste serienmäßige Wasserstoffauto, VW dagegen erlebt seinen GAU mit manipulierten Abgaswerten – der Begriff „Dieselgate" steht seither für Betrug am Kunden. Ebenfalls unerfreulich: Alle Staus zusammen summieren sich in diesem Jahr auf 1,1 Millionen Kilometer – das reicht für 28 Erdumrundungen. Auch nicht besser: 4088 Stunden unseres Lebens stehen wir vor roten Ampeln. Der Trost: 75 Prozent der Autofahrer nutzen die Zeit angeblich zum Flirten ...

Das Forschungsfahrzeug Mercedes-Benz F 015 fährt 2015 autonom und soll zeigen, wie wir in ein paar Jahren das Autofahrenlassen genießen werden. Das System kommuniziert über LED-Module mit der Außenwelt, erkennt Fußgänger und projiziert freundlicherweise und bei Bedarf Zebrastreifen auf die Fahrbahn. Zudem kann es andere Autos über bestimmte Verkehrszustände informieren. Eine andere Studie von 2015 ist der „Vision Tokyo", der sich an die Generation der ab 1995 Geborenen wendet – also mehr digitaler Begleiter ist als für Freude am Fahren sorgt. Apropos Freude: Die hat der neue Besitzer des W 196 Silberpfeils, Baujahr 1954, mit dem Fangio den GP vom Nürburgring gewann. Allerdings muss er bei einer Auktion sagenhafte 22 Millionen Euro dafür zahlen.

2016 geht es weiter mit den Zukunftskonzepten – zum Beispiel mit dem Mercedes-Benz Concept EQ: Das futuristische SUV-Coupé will eine Reichweite von 500 Kilometern anbieten und markiert den Beginn der Konzernmarke EQ. Sie beinhaltet künftig alle E-Mobility-Aktivitäten der Daimler AG und umfasst Produkte, Service, Technologien und Innovationen.

Der Diesel-Skandal holt 2017 auch die Daimler AG ein: Seit Ende März ermittelt die deutsche Justiz wegen des Verdachts des Betrugs und der strafbaren Werbung gegen Mitarbeiter. Betroffen sind die zwischen 2008 und 2016 gebauten Motoren mit der Kennung OM 642 und OM 651.

Noch im Sommer beginnt Daimler, mehr als drei Millionen Dieselautos nachzubessern. Die Aktion ist Teil des „Zukunftsplanes für Diesel-Antriebe", die der Vorstand im Juli beschließt. Es handelt sich dabei um alle Fahrzeuge mit Euro 5 und 6 in Europa.

Der chinesische Hersteller Geely steigt 2018 mit 9,7 Prozent bei der Daimler AG ein und wird somit Großaktionär. Im Frühjahr 2018 gründet Daimler-Benz dann offiziell die Submarke EQ (Electric Intelligence). Der EQ C ist das erste Auto unter diesem Markennamen, seine Reichweite soll 450 Kilometer betragen. Der Crossover-SUV kommt Mitte 2019 auf die Straße. Das Concept-Auto EQ A zeigt das erste vollelektrische EQ-Konzeptfahrzeug in der Kompaktklasse. Es besitzt zwei Elektromotoren mit zusammen 200 kW Systemleistung. In Sachen „Diesel" bietet Mercedes-Benz eine Umtauschprämie bis zu 10.000 Euro für Diesel-Fahrzeuge in Schwerpunktregionen an. Für Gebrauchtwagen („Junge Sterne") sind es noch 5000 Euro.

Erfreulicher: Mercedes ist unter den „Interbrand Best Global Brands 2018" die Marke mit den meisten Likes bei Instagram – es sind mehr als eine Milliarde. Weltweit folgen mehr als 35

Bei der Mercedes-Benz Vision Tokyo von 2015 sparen die Stuttgarter nicht mit Marketingbegriffen – von „Urban Transformer" bis „Lounge-Landschaft".

Erstes Modell von EQ: das rein elektrische SUV EQC. Bis zum Jahr 2022 soll das Portfolio der neuen Produkt- und Technologiemarke von Mercedes zehn verschiedene Modelle beinhalten.

Millionen Fans den Mercedes-Kanälen. Im Premiumsegment schafft Mercedes-Benz das achte Rekordjahr in Folge mit weltweit mehr als 2,3 Millionen verkauften Pkw. Zum dritten Mal ist Mercedes die absatzstärkste Premiummarke. Das Mercedes-Museum besuchen 2018 gut 830.000 Menschen.

Anfang 2019 zeigt Mercedes-AMG und Cigarette Racing die „41′ Carbon Edition", das elfte Boot der Partnerschaft. Es orientiert sich am AMG GT 63 S 4-Türer Coupé. Bereits seit zwölf Jahren werden gemeinsam Rennboote entwickelt. Ende März verkauft die Daimler AG die Hälfte von smart an ihren Großaktionär Geely Holdings, den chinesischen Autobauer. Daimler spricht von einem „50:50 Joint-Venture": Künftig sollen die smart in China produziert werden, ab 2022 sollen neue vollelektrische smart-Modelle auf den Markt kommen.

Noch eine weitere Zusammenarbeit lässt aufhorchen – mit BMW: Die beiden Großen der Branche beschließen nach einer gemeinsamen Einkaufskooperation fünf Joint Ventures, die die Mobilitätsdienstleistungen von BMW und Daimler bündeln. Abgesehen davon soll das gesamte Mercedes-Portfolio bis 2022 mehr als 130 elektrifizierte Varianten enthalten.

Mercedes-Benz CLS 350, CLS 400, CLS 500, CLS 220 d, CLS 250 CDI, CLS 250 d, CLS 350 d, CLS 350 CDI, inkl. Shooting Brake

Wieder bringt Mercedes mit dem CLS eine Limousine mit ungewöhnlicher Formgebung heraus und nennt sie „viertüriges Coupé“. Die einfachste Benzinvariante CLS 300 (252 PS) gibt es nur für den chinesischen Markt, ansonsten lässt die Baureihe keine Wünsche offen: Ob mit Allradantrieb oder reinem Hinterradantrieb, ob als Benziner oder Diesel, selbst als AMG – alles ist zu haben. Preis: 60.000 Euro für den Einsteiger CLS 250 CDI BlueEfficiency. Die Shooting-Break-Version – eine Art Lifestyle-Kombi (Bild) – kommt zwei Jahre später. Sie unterscheidet sich vom normalen CLS nur durch das Fließheck mit großer Heckklappe. Das kostet mit vergleichbarer Motorisierung rund 2000 Euro mehr, die Fahrleistungen des Shooting Brake sind durch die Bank schwächer als die des normalen CLS.

Technische Daten	
Code:	C 218, X 218
Bauart:	Limousine, Kombi
Baujahr:	2011 – 2018
Motor:	R4-Biturbodiesel, V6,V6-Biturbo, V6-Turbodiesel
Hubraum:	2143 – 4663 ccm
Leistung:	170 – 408 PS
Getriebe:	Sieben- und Neungang-Automatik
Antrieb:	Hinterräder, Allrad
Gewicht:	1735 – 2025 Kilogramm
Vmax:	217 – 250 km/h

Mercedes-Benz C 180, C 250, C 350, C 220 CDI, C 250 CDI Coupé

Technische Daten	
Code:	C 204
Bauart:	Coupé
Baujahr:	2011 – 2015
Motor:	R4-Biturbo, R4-Turbo, R4-Turbodiesel
Hubraum:	1597 – 3498 ccm
Leistung:	156 – 292 PS
Getriebe:	Sechsgang-Handschaltung, Siebengang-Automatik
Antrieb:	Hinterräder
Gewicht:	1485 – 1810 Kilogramm
Vmax:	225 – 250 km/h

Das C-Coupé auf Basis der C-Klasse löst 2011 die CLC-Klasse ab – sie ist vier Zentimeter flacher als die C-Klasse und wird mit fünf verschiedenen Motoren geliefert, darunter zwei Diesel. Ungewöhnlich: Die Coupés kommen nicht als CE-Modelle. Letztlich hat Mercedes in diesem Modell eine Menge gemixt: zum Beispiel Basis C-Klasse, Sitze E-Klasse, Lenkrad CLC-Klasse. Es existiert wieder eine feststehende B-Säule, die hinteren Scheiben sind allerdings nicht zu öffnen. Eine AMG-Version folgt.

Mercedes-Benz SLK 200, SLK 250, SLK 350, SLK 250 CDI, SLC 180, SLC 200, SLC 300, SLC 250 d

Technische Daten	
Code:	R 172
Bauart:	Roadster
Baujahr:	2011 – 2019
Motor:	R4-Turbo, R4-Biturbodiesel, V6
Hubraum:	1595 – 3498 ccm
Leistung:	156 – 306 PS
Getriebe:	Sechsgang-Handschalter, Sieben- und Neungang-Automatik
Antrieb:	Hinterräder
Gewicht:	1435 – 1610 Kilogramm
Vmax:	226 – 250 km/h

Die dritte Generation des kleinen Roadsters heißt nur noch fünf Jahre lang SLK – dann ändert Mercedes die Bezeichnung in SLC um. Erstmals ist hier eine Innovation aus dem Maybach in einer Großserie von Mercedes zu haben: Das schaltbare Glasdach „Magic Sky Control" lässt sich auf Knopfdruck abdunkeln oder aufhellen. So kommt zum Beispiel weniger Wärme in den Innenraum bei Sonneneinstrahlung. Ebenfalls neu ist der „Airguide", eine neue Art des Windschotts. Aus dem SLK 250 CDI, dem einzigen Roadster mit Dieselmotor, wird 2015 der SLC 250 d. Im Jahr 2017 wird die Version mit Selbstzünder eingestellt.

Mercedes-Benz A 180, A 200, A 220, A 250, A 160 CDI, A 160 d, A 180 CDI, A 180 d, A 200 d, A 200 CDI, A 220 CDI, A 220 d

Die dritte Generation der A-Klasse wird dank wesentlich dynamischeren Designs auch für jüngere Käufer wieder attraktiv. Das Styling ist möglich, weil Mercedes diesmal auf den Sandwichboden verzichtet und die Limousine auf der modularen Frontantriebsarchitektur aufbaut. Somit ist die Minivan-Auslegung passen, die neue A-Klasse kommt als fünftürige Steilhecklimousine. Sie ist um volle 18 Zentimeter flacher als der Vorgänger. 2015 steht eine Modellpflege an, in deren Zuge die Bezeichnung CDI einem einfachen d zum Opfer fällt und die Xenon-Scheinwerfer gegen LED-Technik ausgetauscht werden.

Technische Daten	
Code:	W 176
Bauart:	Limousine
Baujahr:	2012 – 2018
Motor:	R4-Turbo, R4-Turbodiesel
Hubraum:	1461 – 2143 ccm
Leistung:	190 – 218 PS
Getriebe:	Sechsgang-Handschalter, Siebengang-Doppelkupplung
Antrieb:	Vorderräder, Allrad
Gewicht:	1370 – 1555 Kilogramm
Vmax:	180 – 240 km/h

Mercedes-Benz SL 350, SL 400, SL 500

Den Genuss des luxuriösen Offenfahrens im neuen, in jeder Hinsicht gewachsenen Mercedes SL lassen sich die Stuttgarter recht fürstlich bezahlen: Die kleinste Variante mit 306 PS starkem V6 kostet schon fast 94.000 Euro. Mit dem Flaggschiff (abgesehen von den AMG-Versionen), dem 500 SL, ist man zunächst mit 435 PS unterwegs, nach der Modellüberarbeitung 2015 sind es schon 455 PS. 2018 erhält der 500 SL statt des bislang üblichen Siebengang-Getriebes eines mit neun Gängen, der Sprint bleibt aber bei 4,3 Sekunden für 0 auf 100 km/h.

Die Karosserie ist um etwa 110 Kilogramm leichter als die des Vorgängers, weil fast nur noch Aluminium verbaut ist – wobei die Spitzenmodelle trotzdem an zwei Tonnen Gewicht herankommen, was dem ursprünglichen Roadster-Gedanken nicht unbedingt entspricht. Wie bei fast allen Mercedes (außer AMG) ist die Höchstgeschwindigkeit auf 250 km/h begrenzt. Das Dach braucht zum Öffnen und Schließen je rund 20 Sekunden, der Kofferraum schluckt bei geöffnetem Dach immerhin noch 241 Liter. Der neue SL, der frühestens 2020 kommt, steht übrigens auf der Plattform des AMG GT und wird auch von AMG vollständig entwickelt.

Technische Daten	
Code:	R 231
Bauart:	Roadster
Baujahr:	seit 2012
Motor:	V8, V8-Biturbo
Hubraum:	2996 ccm – 4663 ccm
Leistung:	306 PS – 455 PS
Getriebe:	Sieben- und Neungang-Automatik
Antrieb:	Hinterradantrieb
Gewicht:	1685 – 1950 Kilogramm
Vmax:	250 km/h

Mercedes-Benz C 160, C 180, C 200, C 250, C 300, C 350 e, C 400, C 180 d, C 200 d, C 220 d, C 250 d, C 300 d, C 300 h2, inkl. T-Modell

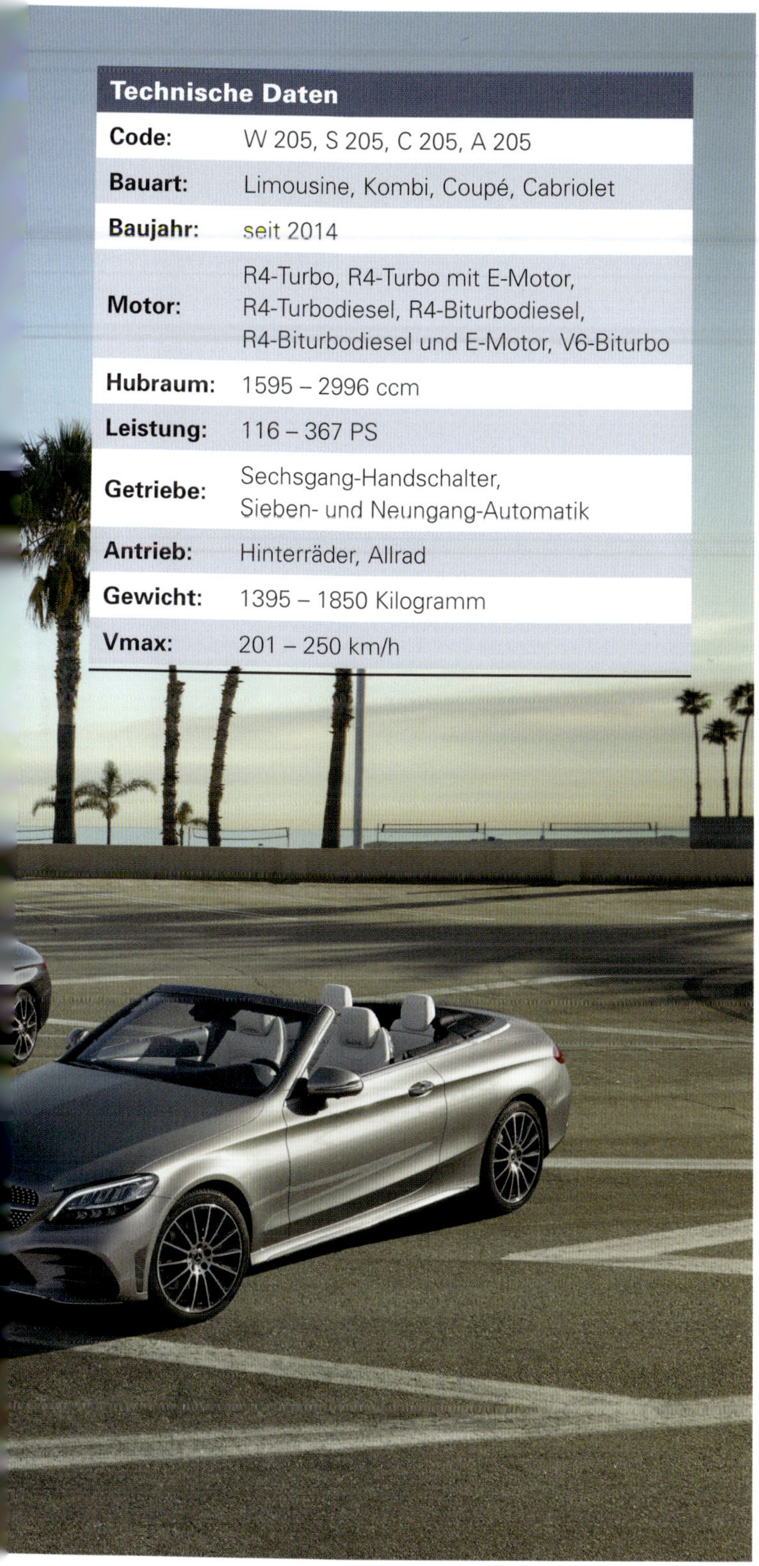

Technische Daten	
Code:	W 205, S 205, C 205, A 205
Bauart:	Limousine, Kombi, Coupé, Cabriolet
Baujahr:	seit 2014
Motor:	R4-Turbo, R4-Turbo mit E-Motor, R4-Turbodiesel, R4-Biturbodiesel, R4-Biturbodiesel und E-Motor, V6-Biturbo
Hubraum:	1595 – 2996 ccm
Leistung:	116 – 367 PS
Getriebe:	Sechsgang-Handschalter, Sieben- und Neungang-Automatik
Antrieb:	Hinterräder, Allrad
Gewicht:	1395 – 1850 Kilogramm
Vmax:	201 – 250 km/h

Wie schon beim neuen SL setzt die Daimler AG bei der neuen C-Klasse auf Aluminium für die Karosserie, was sie um etwa 70 Kilogramm leichter macht – sie besteht nun zu 48 Prozent aus dem Leichtmetall, vorher waren es weniger als zehn Prozent. Ganz neu ist das Fahrwerk, denn die C-Klasse basiert als erste Modellreihe auf der brandneuen modularen Hinterradantriebs-Architektur MRA. Vorne ist eine Vierlenkerachse verbaut, hinten sorgen je fünf Lenker für Stabilität und Komfort. Die neue C-Klasse kann auch mit der Luftfederung Airmatic ausgerüstet werden, bei der Plug-In-Hybridversion C 350 e ist sie serienmäßig. Das Auto soll übrigens 31 Kilometer rein elektrisch fahren können.

Ein halbes Jahr nach der Limousine ist auch der Kombi zu haben. Wie bei manch anderen Mercedes-Modellen auch ist für den asiatischen Markt eine um zehn Zentimeter verlängerte Stufenheckversion (V 205) zu haben, was einen Radstand von 2900 Millimeter bedeutet. Andere Märkte lechzen nach AMG-Power – und bekommen sie selbstverständlich. Mit der Vorstellung des Coupés Ende 2015 und dem Cabrio 2016 ist die neue C-Klasse komplett. Die beiden Versionen sind technisch weitgehend identisch mit der C-Limousine und dem T-Modell.

Mercedes-Benz S 400 h, S 400 4Matic, S 450, S 450, S 500, S 500 e, S 560, S 560 e, S 600

Technische Daten	
Code:	W 222, X 222, V 222
Bauart:	Limousine
Baujahr:	seit 2013
Motor:	V6-Biturbo, V6-Biturbo plus E-Motor, V6 plus Elektromotor, V8, V8-Biturbo, V12-Biturbo
Hubraum:	2996 – 5980 ccm
Leistung:	333 – 630 PS
Getriebe:	Sieben- und Neungang-Automatik
Antrieb:	Hinterräder, Allrad
Gewicht:	1925 – 2335 Kilogramm
Vmax:	250 – 300 km/h

Die zehnte Generation der S-Klasse basiert auf dem Vorgänger W 221 – das hat seinen Ursprung in der Typenzulassung. Denn so kann Mercedes weiterhin das Klimaanlagenkältemittel R 134a verwenden – ansonsten hätte das weniger klimaschädliche Mittel R 1234yf benutzt werden müssen, das aber in Sachen Sicherheit umstritten ist. Die neue S-Klasse kann man auch als Maybach-Version ordern, wie die höchsten Ausstattungsvarianten jetzt heißen. Sie bekommen den internen Code X 222 oder V 222 bei extrem langem Radstand (4418 Millimeter). Als weltweit erster Pkw besitzt die neue S-Klasse keine Glühlampen mehr, sie werden von knapp 200 LEDs ersetzt. Das Motorenangebot reicht vom Dreiliter-Biturbo-V6 bis zum V12 im S 600. Der 400er und der 500er sind schon länger mit zusätzlichem E-Motor zu haben, der S 560 e kommt erst Ende 2018 damit und markiert die dritte Generation der Hybrid-Mercedes. Er ist nur mit langem Radstand verfügbar, auch bei ihm wird ein V6 mit einem E-Motor kombiniert. 50 Kilometer rein elektrisch gefahrene Reichweite sollen möglich sein. Preis: Ab 96.000 Euro.

Mercedes-Benz S 400, S 450, S 500, S 560, Mercedes-Maybach S 650 Cabrio

Technische Daten	
Code:	A 217, C 217
Bauart:	Coupé, Cabrio
Baujahr:	seit 2013
Motor:	V6, V8, V8-Biturbo, V 12
Hubraum:	2996 – 5980 ccm
Leistung:	357 – 630 PS
Getriebe:	Sieben- und Neungang-Automatik
Antrieb:	Hinterräder, Allrad
Gewicht:	2070 – 2255 Kilogramm
Vmax:	250 km/h

Nach guter alter Sitte bietet Mercedes die neue S-Klasse auch als höchst luxuriöses Coupé an, das jetzt aber nicht mehr als CL-Klasse läuft – die gibt´s nicht mehr, sie wird vom S-Klasse Coupé ersetzt. Ein Hammer ist der A 217: Erstmals seit 1971 (damals war es der W 111) bieten die Stuttgarter auch wieder ein Cabriolet auf Basis der größten und edelsten Klasse an. Es kommt im Jahr 2015, also ein Jahr nach dem eleganten Coupé. 2016 stellen die Schwaben das Mercedes-Maybach S 650 Cabrio auf Basis des S-Klasse-Cabriolets aus. Es wird in nur 300 Exemplaren gebaut und bietet 630 PS aus einem Sechsliter-V12-Biturbo an. Preis: 357.000 Euro.

Mercedes-Benz GLE 400 4Matic Coupé, GLE 500 4Matic Coupé, GLE 350 d 4Matic Coupé

Technische Daten	
Code:	C 292
Bauart:	SUV-Coupé
Baujahr:	seit 2015
Motor:	V6-Biturbo, V6-Turbodiesel, V8-Biturbo
Hubraum:	2987 – 4663 ccm
Leistung:	258 – 455 PS
Getriebe:	Neungang-Automatik
Antrieb:	Allrad
Gewicht:	2180 – 2350 Kilogramm
Vmax:	226 – 250 km/h

Der ML ist tot, es lebe der GLE – auch wenn das Design des hochbeinigen Crossovers polarisiert. Man darf das Monster-Coupé fahren, wenn man mindestens 67.000 Euro nach Stuttgart überweist. Dafür bekommt man das allradgetriebene GLE 350 d-Coupé. Zur Premiere gibt es das Auto mit 258-Diesel- und 333-Sechszylinder-Biturbo-PS. Der obligatorische Allradantrieb ist permanent, das neunstufige Automatikgetriebe arbeitet schnell und sanft. Mit an Bord ist die Luftfederung Airmatic mit der erstmals stufenlosen und variablen Dämpfererkennung. Der GLE 500 folgt mit seinen 455 PS im Jahr 2016.

Mercedes-Benz GLC 250, GLC 300, GLC 350 e, GLC 220 d, GLC 250 d, GLC 350 d, GLC F-Cell

Auf der Shanghai Auto Show 2015 ist das Coupé noch eine Studie, die Serienversion erfreut sich nach der Präsentation 2016 in New York am Benzin der Welt. Gebaut wird der GLC gemeinsam mit der C-Klasse samt T-Modell in Bremen. Abgesehen von den AMG-Modellen ist hier tatsächlich fast eine Dieselvariante die stärkste Wahl, nämlich der GLC 350 d mit V6-Turbodiesel und 258 PS. Er wird nur übertroffen vom Hybrid-Modell, dem GLC 350 e mit Siebenganggetriebe. Dessen Verbrenner leistet zwar nur 211 PS, dafür bringt sein E-Motor 116 weitere Pferdestärken, was eine Systemleistung von zusammen 320 PS bedeutet. 34 Kilometer rein elektrisch soll man fahren können.

2018 gibt es eine Modellpflege. Und den GLC als Superhybriden: Der GLC F-Cell ist ein Brennstoffzellenfahrzeug mit aufladbarem Akku – einzigartig auf dem Markt. Der E-Motor leistet 211 PS und 365 Nm, das Auto führt maximal 4,4 Kilogramm Wasserstoff mit sich. Das soll reichen für 430 Brennstoffzellen Kilometer und 51 Kilometer aus dem Akku – allerdings zeigen die Anzeigen von allen F-Cell als Reichweite erstmal nur um die 270 Kilometer an. Ende Oktober 2019 bekommen die ersten Kunden ihre Fahrzeuge – für eine Leasingrate von 799 Euro monatlich. Deren größtes Problem wird sein, eine der weniger als 70 in Deutschland befindlichen Wasserstofftankstellen zu erreichen.

Technische Daten	
Code:	C 253
Bauart:	SUV-Coupé
Baujahr:	seit 2014
Motor:	R4-Turbo, R4-Biturbodiesel, R4-Turbo plus E-Motor, V6-Turbodiesel, Elektromotor
Hubraum:	1991 – 2987 ccm
Leistung:	170 – 320 PS
Getriebe:	Sieben- und Neungang-Automatik
Antrieb:	Allrad
Gewicht:	1785 – 2014 Kilogramm
Vmax:	210 – 238 km/h

Mercedes-Benz GLA 180, GLA 200, GLA 220 4Matic, GLA 250, GLA 250 4Matic, GLA 180 d, GLA 200 d, GLA 200 d 4Matic, GLA 220 d, GLA 220 d 4Matic

Technische Daten	
Code:	X 156
Bauart:	SUV
Baujahr:	seit 2014
Motor:	R4-Turbo, R4-Turbodiesel
Hubraum:	1461 – 2143 ccm
Leistung:	109 – 211 PS
Getriebe:	Sechsgang-Handschalter, Siebengang-Doppelkupplung
Antrieb:	Vorderräder, Allrad
Gewicht:	1395 – 1595 Kilogramm
Vmax:	190 – 235 km/h

2014 fühlt sich auch Mercedes genötigt, sein SUV-Programm nach unten abzurunden und kreiert den GLA. Die A-Klasse bildet die technische Basis, deshalb ist der GLA das vierte Modell, das auf der modularen Frontantriebsarchitektur MFA steht. 2017 spendiert Mercedes-Benz eine Modellpflege, seitdem werden auch hier die Diesel nicht mehr CDI genannt, sondern nur noch schlicht d.

Mercedes-Benz E 200, E 300, E 350, E 400, E 450, E 220 d, E 300 d, E 350 d, E 400 d

Technische Daten	
Code:	C 238, A 238
Bauart:	Coupé, Cabrio
Baujahr:	seit 2017
Motor:	R4 Turbo, R4 Turbo mit E Motor, R4-Turbodiesel, R4-Biturbodiesel, V6-Biturbo, R6-Turbodiesel, V6-Turbodiesel
Hubraum:	1950 – 2996 ccm
Leistung:	184 – 367 PS
Getriebe:	Sechsgang-Handschalter, Neungang-Automatik
Antrieb:	Hinterräder, Allrad
Gewicht:	1645 – 2010 Kilogramm
Vmax:	37 250 km/h

Coupé und Cabriolet der neuen E-Klasse erhalten mit C 238 und A 238 eigene Baureihencodes. Und das, obwohl sie nun auf der logischen Basis der E-Klasse stehen – beim Vorgänger war das anders, der griff auf die kleinere C-Klasse-Plattform zurück. Die Technik entspricht nun ebenfalls der der E-Klasse, was ausgesprochen viele Motoren- und Ausstattungsvarianten bedeutet.

Mercedes-Benz E 200, E 250, E 300, E 350, E 350 e, E 400, E 450, E 200 d, E 220 d, E 300 d, E 300 de, E 350 d, E 400 d inkl. T-Modell

Die neue E-Klasse wächst mal wieder und ist jetzt fast fünf Meter lang, das T-Modell allerdings verliert 55 Liter Laderaumvolumen an modernes Design. Dafür ist die neue E-Klasse rund 100 Kilogramm leichter im Vergleich zum Vorgänger, was besonders an viel und gezielt eingesetztem Aluminium liegt. Viele der neuen Assistenzssysteme aus der aktuellen S-Klasse ziehen in die E-Elektronik ein, auch das autonome Fahren rückt näher. Das Spurhalteassistenzsystem funktioniert nun bis 200 km/h, selbst ohne Fahrbahnmarkierungen soll der Wagen die Spur bis 140 km/h halten können. Das System kann auch Verkehrsschilder erkennen und sich ohne Zutun des Piloten danach richten.

Neue Käufer soll auch die Version E-Klasse All-Terrain überzeugen, die seit 2017 mit serienmäßigem Allradantrieb 4MATIC, 9G-TRONIC und erhöhter Bodenfreiheit durch die ebenfalls serienmäßige Mehrkammer-Luftfederung AIR BODY CONTROL als ein vielfältig einsetzbares Multitalent für Feldweg, Familie und Freizeit im Programm positioniert ist. Ganz Extrem: Mercedes-Entwickler Jürgen Eberle hat in einer Studio gezeigt, wie eine Kreuzung einer solchen E-Klasse mit einem G-Modell aussehen könnte. Das entstandene fahrfähige Einzelstück All-Terrain 4x4² hat Portalachsen und wird von einem 333 PS starken 3,5-Liter-V6 befeuert.

Technische Daten	
Code:	W 213, S 213
Bauart:	Limousine, Kombi
Baujahr:	seit 2016
Motor:	R4-Turbodiesel, R4-Turbodiesel plus E-Motor, R4-Biturbodiesel, R4-Turbo, R4-Turbo mit E-Motor, R6-Biturbodiesel, V6-Biturbo, V6-Turbodiesel
Hubraum:	1950 – 3498 ccm
Leistung:	150 – 367 PS
Getriebe:	Sechsgang-Handschalter, Neungang-Automatik
Antrieb:	Hinterräder, Allrad
Gewicht:	1575 – 2070 Kilogramm
Vmax:	217 – 250 km/h

Mercedes-Benz X 220 d, X 250 d, X 350 d

Technische Daten	
Code:	X 470
Bauart:	Pickup
Baujahr:	seit 2017
Motor:	R4-Turbodiesel, V6-Turbodiesel
Hubraum:	2298 – 2987 ccm
Leistung:	163 – 258 PS
Getriebe:	Sechsgang-Handschalter, Siebengang-Automatik
Antrieb:	Hinterräder, Allrad
Gewicht:	2136 – 2389 Kilogramm
Vmax:	170 – 205 km/h

Mit der X-Klasse wagt sich Mercedes 2017 auf neues Terrarin – es ist der erste Pick-up der Marke. Technisch ist das Auto eng verwandt mit dem Nissan Navara und dem Renault Alaskan – eine Folge der Allianz mit den beiden Herstellern. Die X-Klasse wird nur mit Dieselmotoren angeboten, man kann allerdings wählen zwischen reinem Hinterradantrieb und Allradpower. Das kräftigste Modell, der 258 PS starke X 350 d 4Matic, kommt als Nachzügler erst 2018 auf den Markt.

Mercedes-Benz A 160, A 180, A 200, A 220, A 250, A 180 d, A 200 d, A 220 d

Technische Daten	
Code:	W 177
Bauart:	Limousine
Baujahr:	seit 2018
Motor:	R4-Turbo
Hubraum:	1332 – 1991 ccm
Leistung:	109 – 224 PS
Getriebe:	Sechsgang-Handschalter, Sieben- und Achtgang-Doppelkupplung
Antrieb:	Vorderräder, Allrad
Gewicht:	1350 – 1515 Kilogramm
Vmax:	200 – 250 km/h

Die vierte Generation der normalerweise vorn angetriebenen Limousine wird optisch noch etwas dynamischer als der Vorgänger. Der Radstand wächst gering auf 2,73 Meter für leichteren Einstieg. Innen sorgen 64 mögliche Farben für eine Menge Lichtspielerei. Auch MBUX braucht nicht jeder: Die „Mercedes-Benz User Experience" soll ein persönlicher Assistent sein, den man mit „Hey, Mercedes" aktiviert und der dann sprachgesteuert diverse Befehle ausführt wie Radiosender wechseln oder die Klimaanlage bedienen. Keine Spielerei ist die Bestückung der A-Klasse mit den Sicherheitssystemen der S-Klasse, was teilautonomes Fahren ermöglicht.

Mercedes-Benz B 180, B 200, B 220, B 250, B 180 d, B 200 d, B 220 d

Die dritte Generation des Kompaktvans, von Mercedes gern auch als „Sports Van" bezeichnet, sieht deutlich dynamischer aus als seine Vorgänger. Erstmals ist in einem Mercedes eine Achtgang-Doppelkupplung zu haben, aber nur in der Zweiliter-Dieselvariante. Alle Modelle haben die Anlagen, teilautonom fahren zu können. Die Systeme sollen die Verkehrssituationen in einem Umfeld von 500 Metern erkennen und die Gegend mit Navigations- und Kartendaten abgleichen. Wenn man will, kann man mit seinem Auto sprechen: Auch da aktiviert man mit dem einfallsreichen Ausruf „Hey, Mercedes" die Sprachsteuerung, um dann einfache Befehle zu erteilen. Was wohl Gottlieb Daimler und Karl Benz zu „MBUX" gesagt hätten …

Technische Daten	
Code:	W 247
Bauart:	Limousine
Baujahr:	seit 2018
Motor:	R4-Turbo, R4-Turbodiesel
Hubraum:	1332 – 1991 ccm
Leistung:	116 – 224 PS
Getriebe:	Sechsgang-Handschalter, Sieben-und Achtgang-Doppelkupplung
Antrieb:	Vorderräder, Allrad
Gewicht:	1405 – 1555 Kilogramm
Vmax:	200 – 250 km/h

Mercedes-Benz CLS 350, CLS 450, CLS 300 d, CLS 350 d, CLS 400 d

Der neue CLS ist das einzige „viertürige Coupé", das Mercedes noch anbietet – der „Shooting Brake", der noch dem Vorgänger zur Seite stand, ist ersatzlos gestrichen. Der Innenraum ist eine Melange aus E- und S-Klasse. Stark auch die neuen Scheinwerfer: Dank Multibeam-LEDs sollen sie 650 Meter weit leuchten. Die Benzinmotorvarianten sind allesamt als Hybrid ausgelegt – dem 299 PS starken CLS 350 hilft ein 14 PS starker E-Motor, beim CLS 450 (367 PS) ist es eine elektrische 22-PS-Hilfskraft.

Technische Daten	
Code:	W 257
Bauart:	Limousine
Baujahr:	seit 2018
Motor:	R4-Turbo mit E-Motor, R4-Biturbodiesel, R6 mit E-Motor, R6-Turbo mit E-Motor, R6-Turbodiesel
Hubraum:	1950 – 2999 ccm
Leistung:	245 – 457 PS
Getriebe:	Neunstufen-Automatik
Antrieb:	Hinterräder, Allrad
Gewicht:	1775 – 1980 Kilogramm
Vmax:	250 km/h

Mercedes-Benz EQC 400 4Matic

Ende September 2019 bringt Mercedes-Benz den rein elektrisch angetriebenen SUV EQC, der im Werk Bremen gebaut wird, und zwar zunächst als EQC 400 4Matic. Je ein Elektromotor treibt Vorder- und Hinterachse an. Mercedes-Benz gibt 450 Kilometer Reichweite an, in der Praxis dürften daraus 300 werden. Der knapp 4,8 Meter lange Fünfsitzer wiegt mächtige 2,4 Tonnen (alleine die Batterien sind rund 650 Kilogramm schwer), kann aber noch 500 Liter Gepäck schleppen. Der Sprint gelingt in 5,1 Sekunden auch dank 765 Newtonmeter maximalen Drehmoments. Der Preis liegt bei 71.281 Euro, die Produktion bis zum Jahr 2020 soll aber schon ausverkauft sein. Da der Netto-Basispreis unter 60.000 Euro liegt, erhält das Modell die Förderung durch den Umweltbonus.

Technische Daten	
Code:	N 293
Bauart:	SUV
Baujahr:	seit 2019
Motor:	zwei Elektromotoren
Hubraum:	entfällt
Leistung:	408 PS
Getriebe:	Einstufengetriebe
Antrieb:	Allrad
Gewicht:	2425 Kilogramm
Vmax:	180 km/h

Mercedes-Benz CLA 180, CLA 200, CLA 220, CLA 250, CLA 180 d, CLA 200 d, CLA 220 d

Mit dem 2013 eingeführten „viertürigen Coupé" CLA hat Mercedes seine Kundschaft deutlich verjüngt – zumindest in den USA: Der erste Kompakte von Mercedes auf dem US-Markt bescherte den Stuttgartern Kunden, die im Schnitt um zehn Jahre jünger waren als der durchschnittliche Mercedes-Käufer. Anfang 2019 stellt Mercedes den Nachfolger auf der Messe in Las Vegas vor. Die Form des Autos ist etwas geschärft, vorne sticht wieder die Sharknose-Front hervor – insgesamt orientiert sich das Design am größeren CLS. Die Karosserie ist gewachsen: 48 Millimeter in der Länge, 53 Millimeter in der Breite, der Radstand um 30 Millimeter, die Spur vorne um 63 Millimeter, hinten um 55 Millimeter.
Innen gewinnen vor allem die Breite der Laderaumöffnung, die maximale Laderaumbreite sowie die Ellenbogenbreite hinten und vorne. Der Kofferraum verliert dagen zehn Liter Volumen. Der Einstiegs-CLA 180 kostet knapp 32.000 Euro, das Top-Modell CLA 250 mit Allradantrieb fast 42.000 Euro (Allrad ist bei den meisten Modellen für einen Aufpreis von 2200 Euro zu haben). Drei Diesel-Versionen bietet Mercedes an, der CLA 220 d kommt mit starken 190 PS und 400 Nm. Den „Shooting Brake" offeriert Mercedes erst nach der Limousine.

Technische Daten	
Code:	C 118, X 118
Bauart:	Limousine, Shooting Brake
Baujahr:	seit 2019
Motor:	R4-Turbo, R4-Turbodiesel
Hubraum:	1332 – 1991 ccm
Leistung:	116 – 224 PS
Getriebe:	Sechsgang-Handschalter, Siebengang-Automatik
Antrieb:	Vorderräder, Allrad
Gewicht:	1350 – 1630 Kilogramm
Vmax:	205 – 250 km/h

AMG UND DIE STRASSEN-SPORTWAGEN

AMG
JEANS
GASDRUCK
STOSS-
DÄMPFER

AMG UND DIE STRASSENSPORTWAGEN

Die Erfolgsgeschichte von AMG beginnt mit einem Ende – dem Ausstieg von Mercedes aus dem Motorsport 1955 nach dem schwersten Motorsportunfall aller Zeiten in Le Mans. Nachdem auch im Tourenwagensport Mitte der 1960er Jahre kein Mercedes-Benz mehr fährt, ist ein Mann ganz besonders unzufrieden damit: Mercedes-Rennmotoren-Entwicklungsingenieur Hans Werner Aufrecht. Der Twen quittiert die Entscheidung des Arbeitgebers mit seiner Kündigung, tut sich mit seinem Kollegen Erhard Melcher zusammen und gründet 1967 in Großaspach (dem Geburtsort von Aufrecht) in einer alten Mühle das „Ingenieurbüro – Konstruktion und Versuch zur Entwicklung von Rennmotoren". Von Anfang an beschäftigen sich AufrechtMelcherGroßaspach (AMG) mit der Veredelung von Mercedes-Modellen.

Die ersten AMG im Jahr 1968 entstehen auf Basis von W 108, W 111 und W 112. So wird ein Mercedes 230 mit Heckflossen mal eben zum 200-km/h-Geschoss dank 2,8 Litern Hubraum und 185 PS. Der 300 SE 6.3 erhält bis zu 320 PS. Die Autowelt wird auf die Firma allerdings erst aufmerksam, als ein AMG 300 SEL 6.8 – aufgrund der Farbgebung „rote Sau" genannt – beim 24-Stunden-Rennen in Spa-Francorchamps im Jahr 1971 den zweiten Gesamtplatz und natürlich den ersten in seiner Klasse erringt. Dabei haben die beiden Ingenieure eigentlich nur einen Unfallwagen aufgebaut und dem Motor leichtere Kolben, größere Einlassventile, geänderte Kipphebel und eine scharfe Nockenwelle spendiert. Außerdem haben sie den Hubraum von 6,3 auf 6,8 Liter vergrößert. Diese Maßnahmen reichen, um 428 PS zu generieren, was die 1,8 Tonnen schwere und große Limousine zum Konkurrentenschreck macht.

Ab sofort kümmern sich die beiden Ingenieure verstärkt um Leistungssteigerung für Straßen-Benze. Und weil mehr Kraft zu sehen sein soll, ersetzt AMG Chromschmuck durch schwarz. 1976 zieht die Firma um nach Affalterbach, 1980 kommt mit dem AMG 500 SLC eines der ersten kompletten AMG-Straßenfahrzeuge auf den Markt. Mit einer Innovation wird AMG 1984 zum Motorenhersteller: Melcher entwickelt einen völlig eigenständigen Zylinderkopf mit Vierventiltechnik. 1986 implantiert AMG den Fünfliter-V8 in ein Coupé der E-Klasse, das unter dem Kosenamen „The Hammer" Weltruhm erlangt – bis heute in den USA ein Ursymbol des Mythos AMG.

Ende der 1980er Jahre nähert sich AMG Daimler-Benz an, zunächst als offizieller Motorsport-Partner. Highlight dieser Zeit ist die Erfolgsgeschichte des 190ers. Der von AMG mit Werksunterstützung eingesetzte Rennwagen fährt von 1988 bis 1993 insgesamt 50 DTM-Siege ein. Die erste echte Kooperation mit Mercedes beginnt 1990. Drei Jahre später kommt mit dem C 36 AMG der erste Mercedes-AMG heraus.

Am 1. Januar 1999 übernimmt Mercedes den Betrieb zu 51 Prozent, sechs Jahre später wird AMG eine hundertprozentige Daimler-Tochter. 2009 erscheint das erste nur von AMG entwickelte Auto, der SLS AMG. Und endlich, im Jahr 2011, steigt AMG wieder in den GT-Rennsport ein mit dem SLS AMG GT3.

Heute sitzt AMG nach wie vor in Affalterbach bei Stuttgart, hat vollen Zugriff auf die Technikregale von Mercedes-Benz, freut sich über rund 1700 Mitarbeiter und unterhält sein eigenes Testcenter am Nürburgring. Die Fahrzeuge werden ganz normal am Band von Mercedes-Benz montiert. Beim Bau der Motoren allerdings gilt „One man, one engine" – das heißt: Ein Mann baut den jeweiligen Motor für die Sportwagen- und Performance-Modelle und bürgt auf einer Plakette mit seinem Namen für die Qualität. Das gilt für die Vierzylinder (45er), die Achtzylinder (63er) und für die Zwölfzylinder (65er), allerdings nicht für die Weiterentwicklung des Sechszylinder-Serienmodells von Mercedes, den 43er.

Bis 2016 hat AMG nahezu 100.000 Fahrzeuge ausgeliefert. Inzwischen gibt es fast von jedem Mercedes-Modell eine AMG-Variante und mit dem GT eine ganze Sportwagen-Familie samt Viertürer. Das Angebot umfasst mehr als 50 Mercedes-AMG-Performance-Fahrzeuge mit einem Leistungsspektrum von 225 kW (306 PS) bis 470 kW (639 PS). Die Auswahl reicht von Limousinen, Coupés und SUVs über Roadster bis hin zum Mercedes-AMG GT, dem zweiten von Mercedes-AMG komplett eigenständig entwickelten Sportwagen.

AMG bietet für fast alle Mercedes-Modelle leistungsgesteigerte Versionen an. Dieses Flottenbild entstand 2012 zum 45sten Firmengeburtstag.

Hans Werner Aufrecht gründete nach seiner Zeit als Mitarbeiter in der Entwicklungsabteilung von Mercedes-Benz gemeinsam mit Erhard Melcher 1967 die Firma AMG. Hauptbetätigungsfeld: Motorsport.

Motorenbau bei AMG: Ein Mann, ein Motor – eine Plakette auf der Maschine zeigt den Namen des Monteurs.

Mercedes-Benz 300 E 5.6 AMG

Technische Daten	
Code:	W 124
Bauart:	Limousine
Baujahr:	1986 – 1987
Motor:	V8
Hubraum:	5547 ccm
Leistung:	360 PS
Getriebe:	Viergang-Automatik
Antrieb:	Hinterräder
Vmax:	303 km/h

Hier kommt „der Hammer": Die Affalterbacher implantieren 1986 den Fünfliter-V8 aus der S-Klasse mit Vierventiltechnik in einen W 124. Das Fachmagazin *auto motor und sport* unterzieht den neuen Power-W-124 einem ausgiebigen Test – Ergebnis: Dank der satten Leistung von 360 PS aus 5,6 Litern Hubraum registriert die Messeinrichtung als Topspeed 303 km/h. Damit durchbricht der 300 E 5.6 AMG – übrigens ausgestattet mit Viergang-Automatikgetriebe – als erste Limousine der Welt die 300-km/h-Schallmauer. Die letzte Ausbaustufe kommt 1987 in Gestalt des 385 PS starken 300 6.0 AMG.

Mercedes-Benz E 50 AMG, E 60 AMG

Technische Daten	
Code:	W 210, S 210
Bauart:	Limousine
Baujahr:	1995 – 1997
Motor:	V8
Hubraum:	4973 – 5956 ccm
Leistung:	347 – 381 PS
Getriebe:	Fünfgang-Automatik
Antrieb:	Hinterräder
Vmax:	250 km/h

Kaum ist die neue E-Klasse auf dem Markt, bietet AMG seine Version an – sie basiert auf dem E 420 in der Ausstattungslinie „Avantgarde". Die wird nach Affalterbach gebracht und mit AMG-spezifischen Dingen wie Motor, Getriebe, Achsen und Antriebsstrang bestückt. Nach guter alter AMG-Sitte werden der Motor vergrößert, der Zylinderkopf bearbeitet, neue Einlassventile genutzt und jede Nocke scharf gemacht. Jetzt überzeugt der Fünfliter-V8 mit 347 PS und 480 Newtonmetern. Später bietet AMG ein E-60-Technikpaket zur Leistungssteigerung des E 50 AMG an, was ihn 381 PS stark macht. Dann ist der V8 allerdings auch fast sechs Liter groß.

Mercedes-Benz C 36 AMG

Technische Daten	
Code:	W 202
Bauart:	Limousine
Baujahr:	1993 – 1997
Motor:	R6
Hubraum:	3606 ccm
Leistung:	280 PS
Getriebe:	Viergang-Automatik
Antrieb:	Hinterräder
Vmax:	250 km/h

Der C 36 AMG ist das Ergebnis der ersten gemeinsamen Entwicklungsarbeit zwischen AMG und Mercedes-Benz. Basis ist der C 280 der Baureihe W 202. AMG rüstet den Wagen auf mit einem 3,6-Liter-Sechszylinder mit zwei obenliegenden Nockenwellen und vier Ventilen pro Zylinder. Bohrung und Hub sind vergrößert, die Verdichtung verändert, die Kolben bestehen aus Aluminium. Das Ergebnis sind 280 PS und ein maximales Drehmoment von 385 Newtonmetern bei 4000/min. Die Karosserie wird etwas tiefer gelegt und erhält ein paar aerodynamische Anbauteile – aber noch sehr dezent. Der Preis für das „Werkstuningauto" im Jahr 1993: 95.450 Mark.

Mercedes-Benz CLK GTR AMG

Zur Homologation des Rennwagens für die FIA-GT-Meisterschaft muss Mercedes-Benz 25 straßenzugelassene Exemplare des CLK GTR AMG bauen (20 Coupés und fünf Roadster) – tatsächlich kommen diese aber erst nach dem Aus der Rennserie zu den Kunden. Wie beim Rennwagen sitzt ein Sechsliter-V12 – eine Variante des Motors aus dem S 600 – vor der Hinterachse unter der Kohlefaserkarosserie. Damit gelingt der Sprint in 3,7 Sekunden. In wenige Modelle, die „Super Sport" heißen, wird auch der 7,3-Liter-AMG-V12 eingebaut, der um die 664 PS leistet. Kaufpreis eines Exemplars: 3.074.000 Deutsche Mark. Damit ist das 1440 Kilogramm schwere Auto zu seiner Zeit der teuerste Serienwagen der Welt. Aber auch eine Show: Die Türen öffnen nach vorne und oben. Das Fahrwerk ist identisch mit dem des Rennwagens, aber im Gegensatz zum Racer gibt es Klimaanlage, ein Musiksystem, Vollederaustattung, elektrische Spiegel, Parktronic, ein ABS und die Antriebsschlupfregelung ASR.

Technische Daten	
Code:	C 209
Bauart:	Coupé, Roadster
Baujahr:	1997 – 1999
Motor:	V12
Hubraum:	6898 – 7291 ccm
Leistung:	612 – 664 PS
Getriebe:	sequenzielles Sechsganggetriebe
Antrieb:	Hinterräder
Vmax:	320 km/h

Mercedes-Benz S 55 AMG, S 63 AMG, S 65 AMG

Kaum ist die neue S-Klasse auf dem Markt, schiebt AMG die scharfen Versionen nach. Der 5,5-Liter-V8 leistet zunächst 360 PS, was den Sprint von 0 auf 200 km/h in 22,9 Sekunden ermöglicht und für ein Top-Tempo von 284 km/h sorgt. Die Bremsen sind größer als beim normalen S, das Getriebe wird den neuen Anforderungen angepasst. Der S 55 ist auch als Langversion zu haben, die dann 1905 Kilogramm wiegt. 2001 liefert AMG den S 63 AMG mit 444 PS starkem V12, der noch deutlicher nach den Sternen greift. Dafür zahlt man dann aber auch schon fast 320.000 Mark.

2002 steht eine Modellpflege an, die den S 55 AMG 500 PS stark macht und damit den S 63 AMG überflüssig. Vom S 55 werden in den ersten paar Monaten 2300 Stück verkauft – für so ein Powerpaket ein sehr gutes Ergebnis. 2003 kann man sich wahlweise für den S 65 AMG entscheiden – der hat als Argument einen V12-Biturbo unter der Haube, der mit 612 PS und 1000 Nm maximalem Drehmoment überzeugt. Viel mehr geht zurzeit nicht.

Technische Daten	
Code:	W 220
Bauart:	Limousine
Baujahr:	1999 – 2002
Motor:	V8, V12, V12-Biturbo
Hubraum:	5439 – 6258 ccm
Leistung:	360 – 612 PS
Getriebe:	Fünfgang-Automatik
Antrieb:	Hinterräder
Vmax:	250 – 300 km/h

Mercedes-Benz CL 55 AMG, CL 63 AMG, CL 65 AMG

Technische Daten	
Code:	C 215
Bauart:	Coupé
Baujahr:	2000 – 2002
Motor:	V8, V8-Kompressor, V12
Hubraum:	5439 – 6258 ccm
Leistung:	360 – 612 PS
Getriebe:	Fünfgang-Automatik
Antrieb:	Hinterräder
Vmax:	250 km/h

Im März 1999 zeigt Mercedes, was Tradition bedeutet: große Coupés. Die CL bekommen eine eigene Baureihennummer, weil sie eigentlich auf der nächstniedrigeren Basis stehen sollten. Was dann aber nicht passiert. Etwa ein halbes Jahr nach den normalen CL-Coupés bietet Mercedes den CL 55 AMG an – 10.000 Mark günstiger als der gut 220.000 Mark teure CL 600 mit Zwölfzylinder, aber nicht minder potent. Die Kraft stammt aus einem 5,5-Liter-V8. Im Mai 2000 gibt es die höchst exklusive Sonderserie „Formel-1-Limited-Edition", insgesamt werden nur 55 Stück für je 330.000 Mark gebaut. 2001 folgt analog zur S-Klasse der CL 63 AMG, 2003 kommt der CL 65 AMG mit V12-Motor. Was sie alle eint, ist ihr hohes Gewicht: Die Modelle wiegen zwischen 1865 Kilogramm und 2075 Kilogramm.

Mercedes-Benz C 30 CDI AMG, C 32 AMG inkl. T-Modell

Technische Daten	
Code:	W 203, S 203
Bauart:	Limousine, Kombi, Sportcoupé
Baujahr:	2001 – 2003
Motor:	R5-Turbodiesel, V6-Kompressor
Hubraum:	2950 – 3199 ccm
Leistung:	231 – 354 PS
Getriebe:	Fünfgang-Automatik
Antrieb:	Hinterräder
Vmax:	250 km/h

Power ist angesagt – AMG spielt das Spiel weiterhin liebend gerne mit. Jüngstes Beispiel: der Mercedes C 32 AMG. Der V6 mit Kompressor wuchtet 450 Nm auf die Kurbelwelle, unterstützt von einem Schraubenlader und einer Niedertemperatur-Ladeluftkühlung mit eigenem Wasserkreislauf. Spezielle Kolben und mehr machen die Kraft standfest. Eine starke und zuverlässige Fünfgang-Automatik wird benutzt – die arbeitet auch mit den V8-Motoren zusammen. Vom Januar bis September 2001 werden immerhin rund 1300 C-AMG verkauft. Der 2,7-Liter-Fünfzylinder ist in der Limousine, dem Sportcoupé und dem T-Modell zu haben.

Mercedes-Benz SLK 32 AMG

Technische Daten	
Code:	R 170
Bauart:	Roadster
Baujahr:	2001 – 2004
Motor:	V6-Kompressor
Hubraum:	3199 ccm
Leistung:	354 PS
Getriebe:	Fünfgang-Automatik
Antrieb:	Hinterräder
Vmax:	250 km/h

354 PS bei 6100/min und 450 Nm bei 4400/min – der scharfgemachte SLK kommt an. Nach bewährtem AMG-Rezept bekommt auch die kleine Roadster-Baureihe ihr Topmodell, hier steckt ein V6 mit Kompressor unter der Fronthaube. Der Motor ist EU-4 zertifiziert und futtert problemlos normalen bleifreien Superkraftstoff. Das Fahrwerk wird angepasst, der Kofferraumdeckel bekommt eine Abrisskante. In der Presse werden dem knapp 1,5 Tonnen schweren SLK 32 AMG echte Sportwagenqualitäten zugestanden, die Messwerte unterstreichen das. 2001 bezahlt man rund 110.000 Mark für das Auto, 2002 sind es 57.000 Euro.

Mercedes-Benz SL 55 AMG Kompressor

Technische Daten	
Code:	R 230
Bauart:	Roadster
Baujahr:	2001 – 2006
Motor:	V8-Kompressor
Hubraum:	5439 ccm
Leistung:	467 – 500 PS
Getriebe:	Fünfgang-Automatik
Antrieb:	Hinterräder
Vmax:	250 – 300 km/h

Der SL 55 AMG unterscheidet sich in wesentlich mehr Punkten vom SL 500 als nur durch den Motor und die Kraft. Okay, mit zunächst 467 PS ist der große Roadster schon ganz weit vorne dabei (später werden es sogar 500 PS), aber sowohl optisch als auch technisch greift AMG kräftig ein. Die Sitze halten besser fest, der Tacho geht bis 300 km/h, es gibt einen Ladeluftkühler, einen Motorölkühler, und die gesamte Abgasanlage ist anders aufgebaut. Natürlich kann über Schaltwippen das Getriebe befehligt werden, die Bremsen werden vergrößert. Wie üblich wird das Auto mit abgeregelten 250 km/h verkauft. Für fast 2500 Euro kann man die Temposperre auch aufheben lassen, was unter anderem andere Reifen bedingt. Der Start in den großen und zwei Tonnen schweren Power-Roadstern gelingt ab 243.000 Mark.

Mercedes-Benz S 65 AMG, CL 65 AMG

Auf dem Prüfstand schafft der Motor 1200 Nm – das wollen die Verantwortlichen aber dann doch nicht auf die S-Klasse und deren Coupé-Derivat von AMG loslassen. Doch 1000 Nm sind auch nicht zu verachten – der V12-Biturbo ist so oder so der Hammer. In Kombination mit der luxuriösen S-Klasse samt langem Radstand ist der Mercedes-Benz S 65 AMG das automobile Optimum im Jahr 2003: 612 PS, Sportfahrwerk, Active Body Control und in 4,4 Sekunden von 0 auf 100 km/h. Das soll mal jemand nachmachen. Die Motorabdeckung besteht aus tiefgezogenem Aluminium und kohlefaserverstärktem Kunststoff und wiegt gerade mal 1500 Gramm. Das alles gilt auch für die Coupé-Variante der S-Klasse, den CL 65 AMG. Beide Modelle sind eigentlich auf 250 km/h elektronisch begrenzt, die Freischaltung kostet extra und erlaubt dann 300 km/h. Das Auto mit vier Türen kostet 196.620 Euro, wer zwei weniger will und damit noch mehr Stil, muss 201.260 Euro bezahlen.

Technische Daten	
Code:	W 220, C 215
Bauart:	Limousine
Baujahr:	2003 – 2005
Motor:	V12-Biturbo
Hubraum:	5980 ccm
Leistung:	612 PS
Getriebe:	Fünfgang-Automatik
Antrieb:	Hinterräder
Vmax:	250 – 300 km/h

Mercedes-Benz C 55 AMG, CLS 55 AMG

Pünktlich zur großen Modellpflege bringt AMG den neuen C 55 heraus – diesmal mit dickem V8-Saugmotor für die Limousine und das T-Modell. Letzteres ist auch als offizielles Medical-Car bei der Formel 1 unterwegs. Damit der Motor unter die C-Klasse-Haube passt, haben die Ingenieure ein um 80 Millimeter verlängertes Frontmodul erdacht. Die Kotflügel sind ausladender geworden, damit die um 14 Millimeter breitere Spurweite an die Vorderachse passt. Auch das AMG-Sportfahrwerk ist neu – es umfasst unter anderem straffere Federbeine, neue Fahrdynamikregelungen und eine direkter übersetzte Servolenkung. Auch sonst hat die Limousine klar sportlichen Charakter – der Sprint gelingt in 5,2 Sekunden, beim T-Modell sind es 5,4 Sekunden. Für so ein Auto muss man rund 63.000 Euro hinblättern.

Technische Daten	
Code:	W 203, S 203
Bauart:	Limousine, Kombi
Baujahr:	2004 – 2007
Motor:	V8
Hubraum:	5439 ccm
Leistung:	367 PS
Getriebe:	Fünfgang-Automatik
Antrieb:	Hinterräder
Vmax:	250 km/h

Mercedes-Benz SL 63 AMG, SL 65 AMG, SL 65 AMG Black Series

Sieben Jahre lang ist der SL 55 AMG im Programm – 2004 wird es Zeit für eine Renovierung. Der 145.000 Euro teure SL 63 AMG verführt mit 525 PS, in 4,6 Sekunden sind 100 km/h erreicht. Das optionale Performance Package hält größere Bremsen an der Vorderachse bereit, hinzu kommen ein Hinterachs-Sperrdifferenzial und 19 Zoll große Leichtmetall-Schmiederäder. 2008 wirft AMG eine Sonderserie auf den Markt: 200 Exemplare der Edition IWC. Sie unterscheidet sich besonders durch Ausstattungsdetails, die an die Uhrenmarke erinnern sollen. Und jedem Modell liegt natürlich eine Uhr des Modells „Große Ingenieur" bei, deren Edelstahl-Gehäuse 45,5 Millimeter Durchmesser hat und deren Boden aus Saphirglas-besteht.

Ab 2008 gibt es den SL auch als SL 65 und SL 65 AMG Black Series. Die normale Version mit dem V12-Biturbo leistet 612 PS, als Black Series sind es gigantische 670 PS. Damit sind 320 km/h möglich, die allerdings auch noch elektronisch begrenzt werden. Mit Zwölfer kostet der SL AMG 221.000 Euro, als Black Series sind es bereits 327.250 Euro.

Technische Daten	
Code:	R 230
Bauart:	Roadster
Baujahr:	2004 – 2010
Motor:	V8, V12-Biturbo
Hubraum:	5980 – 6208 ccm
Leistung:	525 PS – 670 PS
Getriebe:	Fünf- und Siebengang-Automatik
Antrieb:	Hinterräder
Vmax:	250 – 320 km/h

Mercedes-Benz CLK DTM AMG

In einer Auflage von nur 100 Stück bringt AMG das Dienstfahrzeug von Bernd Schneider aus der DTM auf die Straße – eine Machtdemonstration, kann man auch sagen. Die Ingenieure haben den bekannten 5,5-Liter-V8-Kompressormotor kräftig aufgemotzt: Die 582 PS und 800 Newtonmeter werden durch spezielle Zylinderköpfe, neue Fächerkrümmer, andere Kolben, Kolbengehäuse, Ladeluft- und Motorölkühlung sowie eine geänderte Motorelektronik erreicht. Mehr Ladedruck tut ein Übriges.

Wer so ein Auto tritt, ist in 3,9 Sekunden auf 100 km/h und in 10,9 Sekunden auf 200 km/h. Ausnahmsweise begrenzt AMG das Tempo nicht auf 250 km/h, sondern auf 320 km/h. Damit die sicher absolviert werden können, baut AMG ein Gewindefahrwerk ein, was ein individuelles Setup erlaubt. Innen überzeugen Carbonteile und mattes Aluminium das Auge. Der Preis: 203.500 Euro. 2006 liefert AMG auch noch ein Cabriolet nach, ebenfalls in einer Auflage von 100 Stück. Der Preis steigt wegen des fehlenden Daches auf 239.500 Euro.

Technische Daten	
Code:	C 209, A 209
Bauart:	Coupé, Cabriolet
Baujahr:	2004, 2006
Motor:	V8-Kompressor
Hubraum:	5439 ccm
Leistung:	582 PS
Getriebe:	Fünfgang-Automatik
Antrieb:	Hinterräder
Vmax:	320 km/h

Mercedes-Benz CLK 63 AMG, CLK 63 AMG Black Series

Technische Daten	
Code:	C 209, A 209
Bauart:	Coupé, Cabriolet
Baujahr:	2006 – 2009
Motor:	V8
Hubraum:	6208 ccm
Leistung:	481 – 507 PS
Getriebe:	Siebengang-Automatik
Antrieb:	Hinterräder
Vmax:	250 – 300 km/h

Mal eben 114 PS mehr ist kein Pappenstiel – aber genauso viel zusätzliche Kraft bekommt der neue CLK 63 AMG, der kurz nacheinander als Coupé und als Cabriolet zu haben ist. Das Auto glänzt nun mit insgesamt 481 PS, was es auch befähigt, als offizielles Safety-Car bei der Formel 1 eingesetzt zu werden. Der Motor ist der erste komplett in AMG-Eigenregie entwickelte Achtzylinder. Der Spaß kostet gut 87.000 Euro fürs Coupé und fast 93.000 fürs Cabriolet. Ab 2007 ist das Auto auch als „Black Series" zu haben , was unter anderem 507 PS bedeutet.

Mercedes-Benz ML 63 AMG

Technische Daten	
Code:	W 164
Bauart:	SUV
Baujahr:	2006 – 2010
Motor:	V8
Hubraum:	6208 ccm
Leistung:	510 PS
Getriebe:	Siebengang-Automatik
Antrieb:	Allrad
Vmax:	250 km/h

Wer ist das hubraumstärkste Saugmotor-SUV auf dem Markt? Richtig, der ML 63 AMG. 510 PS und 630 Newtonmeter lassen den ML entweder mit bis zu 250 km/h auf der Autobahn rasen oder kräftig durchs Gelände stapfen. In fünf Sekunden schnellt das SUV auf 100 km/h. Eine Niveauregulierung senkt die Karosserie bei höheren Tempi ab, offroad kann der Pilot die Bodenfreiheit um 80 Millimeter erhöhen. Mit der Offroad-Taste richtet sich die Antriebsschlupfregelung auf den passenden Untergrund ein, ebenso ändert sich das Ansprechverhalten von Motor und Getriebe. Es ist eine Bergabfahrtbremse vorhanden, die man voreinstellen kann auf Tempi zwischen vier und 18 km/h. Bergauf hilft ein Anfahrassistent. Das einzige, was fehlt, ist ein Zahlassistent: 96.000 Euro muss man schon selbst berappen.

Mercedes-Benz CLS 63 AMG, E 63 AMG

Der CLS 63 löst den CLS 55 ab – und natürlich wird der Nachfolger eine noch wildere Sportlimousine. Der selbstentwicklete V8 darf hier 514 PS leisten, schon bei 2000 Umdrehungen stehen 500 Newtonmeter bereit. Das maximale Drehmoment beträgt 620 Nm. Das spezielle Sportfahrwerk minimiert Wankbewegungen und sorgt für extrem komfortable Langstreckenreisen. Das ESP ist vollständig deaktivierbar, wodurch kontrollierte Drifts möglich werden. Bei Unkundigen allerdings auch unkontrollierte, weshalb so etwas nur auf der Rennstrecke ausprobiert werden sollte. Bremst der Fahrer, steht das ESP jedoch automatisch sofort wieder zur Verfügung.
Das exakt gleiche Triebwerk mit exakt den gleichen Daten bekommt auch die neue E-Klasse im AMG-Outfit – sie ist damit die stärkste E-Klasse aller Zeiten. Sie kostet als Limousine gut 95.000 Euro (ist aber auch als Kombi zu haben), der CLS muss mit gut 101.000 Euro bezahlt werden. 2009 kommt der E-Nachfolger, diesmal mit 525 PS – was eigentlich spärliche elf Mehr-PS bedeutet. Preis: fast 106.000 Euro. Ab 2010 gibt es ihn auch als Kombi für 108.500 Euro.

Technische Daten	
Code:	C 219, W 211, S 211, W 212, S 212
Bauart:	Limousine, Kombi
Baujahr:	2006 – 2011
Motor:	V8
Hubraum:	6208 ccm
Leistung:	514 – 525 PS
Getriebe:	Siebengang-Automatik
Antrieb:	Hinterräder
Vmax:	250 km/h

Mercedes-Benz S 65 AMG, S 63 AMG

2006 zeigt Mercedes-Benz in Detroit die Power-Langversion der S-Klasse, den S 65 AMG. Dank zweier Turbolader und dem Sechsliter V12 stehen dem Fahrer 612 PS und 1000 Newtonmeter maximales Drehmoment zur Verfügung. In 13,3 Sekunden kann der Chauffeur seine Mitfahrer auf Tempo 200 bringen, und das sehr stilsicher und luxuriös. Die Lader arbeiten mit 1,5 bar, die Niedertemperatur-Ladeluftkühler arbeiten perfekt. Der Genuss kostet allerdings 206.000 Euro. Als S 63 AMG hat die Top-Limousine zwar weniger Power als mit dem Zwölfzylinder, aber dafür mehr Sound – V8-Geblubber mit AMG-Geboller. Das und die Massagefunktion der Sportsitze walken die Insassen mächtig durch. Übrigens: Vier Zylinder weniger kosten auch gleich wesentlich weniger: Der S 63 AMG ist schon für fast 138.000 Euro zu haben. 2010 kommt der S 63 AMG mit dem Fünfeinhalb Liter V8 Biturbo mit 544 PS, der den Sauger-V8 ersetzt – allerdings wird die Bezeichnung S 63 AMG beibehalten. In der zweiten Ausbaustufe als „Performance Package" ist der Motor auch mit 571 PS zu haben, was einen Aufpreis von rund 9500 Euro zum Grundpreis von rund 144.000 Euro bedeutet.

Technische Daten	
Code:	W 221
Bauart:	Limousine
Baujahr:	2006 – 2014
Motor:	V8, V8-Biturbo, V12-Biturbo
Hubraum:	5461 – 6208 ccm
Leistung:	525 – 612 PS
Getriebe:	Fünf- und Siebengang-Automatik
Antrieb:	Hinterräder
Vmax:	250 km/h

Mercedes-Benz C 63 AMG, C 63 AMG Coupé Black Series

Der Eintritt in die wilde Welt von AMG kostet 2011 mindestens gut 71.000 Euro – dafür bekommt man den kleinsten, den C 63. Erstmals gibt es ihn nicht nur als Limousine und Kombi, sondern auch als Coupé. Die Basisversion kommt mit 457 PS starkem V8-Einspritzer mit Hochdrehzahlkonzept; mit Performance Package (kostet gut 7000 Euro mehr) sind es bereits 487 PS. Das Siebengang-Sportgetriebe bietet vier Fahrmodi an, eine Zwischengasfunktion und den Race Start. In diesem Modus gelingt der Sprint in 4,4 Sekunden.

Mit der Black Series setzt AMG noch einen drauf – sowohl optisch als auch technisch. Für 115.430 Euro bekommt der glückliche Eigner eine C-Klasse, die fast nicht mehr so aussieht wie eine C-Klasse, sich auch nicht so fährt, sondern eher einem DTM-Fahrzeug ähnelt. 517 PS gelangen über die Feinheiten eines Gewindefahrwerkes auf den Asphalt. Als Black Series sind grundsätzlich nur zwei Insassen vorgesehen. Wer auf Einzelsitze im Fond besteht, kann auch die bekommen. AMG macht eben alles möglich.

Technische Daten	
Code:	W 204, S 204, C 204
Bauart:	Limousine, Coupé, Kombi
Baujahr:	2007 – 2015
Motor:	V8
Hubraum:	6208 ccm
Leistung:	457 – 517 PS
Getriebe:	Siebengang-Automatik
Antrieb:	Hinterräder
Vmax:	250 – 300 km/h

Mercedes-Benz SLS AMG, SLS AMG Roadster, SLS GT AMG Coupé, SLS GT AMG Roadster, SLS AMG Coupé Black Series

2009 steht auf der IAA in Frankfurt der Traum aller Supercarfans mit Stern in den Augen: der SLS AMG. Es ist das erste Modell, dass AMG völlig selbstständig entwickelt hat, und es zeigt gleich, wie man sich in Affalterbach so einen Supersportler vorstellt – mit Flügeltüren, Alu-Spaceframe, Doppelquerlenkerachsen, mehr Gewicht im Heck, tiefem Schwerpunkt, Trockensumpfschmierung, Siebengang-Doppelkupplungsgetriebe.
Der V8-Sauger liefert 571 PS, die mit dem immerhin doch noch gut 1,6 Tonnen schweren Zweisitzer keine Probleme haben. Nach 3,8 Sekunden sind 100 km/h erreicht, und von der elektronischen Tempoabschaltung bei diesem Auto hält AMG auch nichts. Deswegen sind 317 km/h Spitze möglich. Als Option ist erstmals eine Keramik-Bremsanlage zu haben. Das Grundmodell will allerdings mit 186.830 Euro bezahlt sein. 2011 folgt der Roadster mit Stoffverdeck, das sich in elf Sekunden öffnet, sogar bis zu 50 km/h Tempo. Die offene Version ist um 40 Kilogramm schwerer, was sich nicht wirklich in den Fahrleistungen auswirkt. Wer so viel Frischluft bevorzugt, muss mehr als 8000 Euro mehr ausgeben als für das Coupé. Ab 2012 gibt es den GT Roadster und das GT Coupé mit 591 PS, was 320 km/h bedeutet. Die Spitze markiert die Black Series, die 2013 ein halbes Jahr lang angeboten wird mit 631 PS und 635 Nm. Trotzdem sind nur noch 315 km/h Spitze möglich.

Technische Daten	
Code:	C 197, R 197
Bauart:	Roadster, Coupé
Baujahr:	2010 – 2014
Motor:	V8
Hubraum:	6208 ccm
Leistung:	571 – 631 PS
Getriebe:	Siebengang-Automatik
Antrieb:	Hinterräder
Vmax:	315 km/h, 317 km/h

Mercedes-Benz SLK 55 AMG

Für die nächste Generation des SLK 55 AMG haben sich die AMG-Ingenieure einen ganz neuen Motor einfallen lassen. Der M 152 ist ein V8-Sauger mit Zylinderabschaltung, Direkteinspritzung und Start-Stopp-System. Dennoch muss kein Besitzer verzichten – 422 PS und 540 Nm Drehmoment lassen den Roadster wieder auf Sportwagenniveau klettern. Der Sprint gelingt in 4,2 Sekunden, allerdings wird bei 250 km/h elektronisch abgeregelt. Es sei denn, man ordert 280 km/h. Das AMG-Handling-Package bringt noch straffere Abstimmung, an der Hinterachse ein Sperrdifferenzial, andere Bremsscheiben und ein Performance-Lenkrad. Neu ist Torque Vectoring Brake: Im Grenzbereich wird eine bestimmte Gierbewegung um die Hochachse des Fahrzeugs generiert, indem das kurveninnere Hinterrad kurz abgebremst wird. Das soll die Fahrstabilität erhöhen. Der Fahrspaß beginnt bei gut 72.000 Euro.

Technische Daten

Code:	R 172
Bauart:	Roadster
Baujahr:	2011 – 2015
Motor:	V8
Hubraum:	5461 ccm
Leistung:	422 PS
Getriebe:	Siebengang-Automatik
Antrieb:	Hinterräder
Vmax:	250 km/h, 280 km/h

Mercedes-Benz SL 63 AMG, SL 65 AMG

Seit dem 300 SL ist der große Roadster eine Ikone – kein Wunder, dass AMG ihn hegt und pflegt. 2012 erhält somit auch der SL 63 AMG den relativ verbrauchsgünstigen V8-Biturbo, der hier 537 PS leisten darf, mit dem üblichen Performance-Paket sind es 564 PS. Damit der schwere Roadster auch adäquat verzögert wird, spendiert AMG eine neue Bremsanlage mit Sechskolben-Bremssätteln vorne und Einkolben-Festsätteln hinten. Man kann gegen Aufpreis auch eine Keramik-Bremse bekommen. Wie bei AMG üblich, fährt so ein SL entweder bis zu 250 km/h oder – mit dem optionalen Paket – 300 km/h. Dann kostet das gute Stück aber auch gleich fast 160.000 Euro. Es geht aber noch exklusiver, nämlich als S 65 AMG – da steckt dann der V12-Biturbo unter der Alu-Haube. 630 PS machen ihn fast unschlagbar – im Segment der Roadster hat er sowieso keinen Gegner. Auf den ersten Blick unterscheiden ihn vom Achtzylinder die Karosserieapplikationen in Chrom, die speziellen 19-Zoll-Leichtmetallfelgen und die beiden Doppelendrohre. So viel Exklusivität hat ihren Preis: 236.334 Euro.

Technische Daten	
Code:	R 231
Bauart:	Roadster
Baujahr:	2012 – 2018
Motor:	V8-Biturbo, V12
Hubraum:	5461 ccm, 5980 ccm
Leistung:	537 – 630 PS
Getriebe:	Siebengang Automatik
Antrieb:	Hinterräder
Vmax:	250 km/h, 300 km/h

Mercedes-Benz A 45 AMG 4Matic

Erstmals gibt es jetzt die A-Klasse als AMG-Version, zunächst mit satten 360 PS. Das passt zum nun auch wesentlich dynamischeren Auftritt der fünftürigen Kompaktlimousine, die jetzt nicht mehr so hoch daherkommt, weil sie nicht mehr auf dem doppelten Boden aufbaut. Stattdessen basiert sie auf der modularen Frontantriebsarchitektur MFA. Wie alle AMG schafft der Wagen problemlos 250 km/h, wird aber auch darauf elektronisch begrenzt. Mit Driver Package sind 270 km/h möglich. 2015 gibt's eine Kraftspritze, dann leistet der Motor 381 PS. Dadurch gelingt der Sprint nun in 4,2 statt in 4,6 Sekunden. Mit einem Luftwiderstandsbeiwert von 0,26 glänzt die A-Klasse mit dem besten Ergebnis unter den Kompakten.

Technische Daten	
Code:	W 176
Bauart:	Limousine
Baujahr:	2013 – 2018
Motor:	R4-Biturbo
Hubraum:	1991 ccm
Leistung:	360 PS, 381 PS
Getriebe:	Siebengang-Automatik
Antrieb:	Allrad
Vmax:	250 km/h, 270 km/h

Mercedes-Benz E 63 AMG, E 63 AMG 4Matic, E 63 S AMG 4Matic

Im Jahr 2009 kommt die neue E-Klasse als AMG-Version, zunächst als E 63 AMG mit 6,2 Liter großem V8 samt Saugrohreinspritzung. Mit 525 PS ist der Wagen schon gut motorisiert, 2011 gibt es einen neuen Motor – der neue V8 mit dem Code M 157 schrumpft auf 5461 Kubik, aber dafür werden zwei Turbolader spendiert, und so wächst die Kraft auf 557 PS und 800 Nm. Ab 2013 fällt die bisherige Basismotorisierung mit 525 PS weg. Dafür gibt jetzt den E 63 mit 557 PS als hinterradgetriebenes Auto und wahlweise als Allradler. Bei der 585 PS starken S-Version sind grundsätzlich alle vier Räder angetrieben, um die Kraft optimal auf den Asphalt zu bringen, damit der Sprint auf 100 km/h auch garantiert in 3,6 Sekunden erledigt ist – immerhin 0,5 Sekunden schneller als die Heckantriebsvariante. Außerdem kann sich der Fahrer darüber freuen, dass das reichlich vorhandene Drehmoment auch bei widrigen Verhältnissen die Fuhre nicht in kritische Fahrsituationen bringt. Die Gewichtszunahme aufgrund der zusätzlich mit Kraft versorgten Achse beträgt überschaubare 70 Kilo. 67 Prozent der Kraft werden nach hinten geschickt, vorne kommen dementsprechend nur 33 Prozent an. Das T-Modell, also der Kombi, ist in allen drei Varianten rund 3000 Euro teurer als das jeweilige Limousinen-Pendant.

Technische Daten	
Code:	W 212, S 212
Bauart:	Limousine, Kombi
Baujahr:	2009 – 2017
Motor:	V8, V8-Biturbo
Hubraum:	5461– 6208 ccm
Leistung:	522 – 585 PS
Getriebe:	Siebengang-Automatik
Antrieb:	Allrad, Hinterräder
Vmax:	250 km/h, 300 km/h

Mercedes-Benz CLA 45 AMG

Technische Daten	
Code:	C 117, X 117, C 118, X 118
Bauart:	Limousine, Shooting Brake
Baujahr:	seit 2013
Motor:	R4-Turbo
Hubraum:	1991 ccm
Leistung:	306 – 381 PS
Getriebe:	Siebengang-Automatik
Antrieb:	Allrad
Vmax:	250 – 270 km/h

2013 gibt es den gelungenen CLA in den Modellvarianten Shooting Brake und viertüriges Coupé auch als starke AMG-Version. Wie üblich ist das Top-Tempo auf 250 km/h begrenzt, mit Drivers Package sind 270 km/h möglich. Von AMG entwickelt ist übrigens auch das „normale" CLA-Topmodell, der 250 Sport. 2015 gibt es beim CLA 45 ein Update, das aus 360 PS und 450 Nm 381 PS und 475 Nm macht. Das viertürige Coupé stürmt so in 4,2 Sekunden auf 100 km/h, der Shooting Brake braucht 0,1 Sekunden länger. Ab 2019 gibt es nur noch eine CLA-AMG-Version, den CLA 35 4Matic. Geblieben sind Allradantrieb, der Vierzylinder-Turbo und das Siebengang-Speedshift-Getriebe, aber die Leistung ist auf 306 PS geschrumpft.

Mercedes-Benz SLS AMG E-Cell, SLS AMG Electric Drive

Technische Daten	
Code:	C 197
Bauart:	Coupé
Baujahr:	2013 – 2014
Motor:	vier Elektromotoren
Hubraum:	entfällt
Leistung:	533 PS, 751 PS
Getriebe:	Viergang-Automatik
Antrieb:	Allrad
Vmax:	250 km/h

Schon 2010 stellt AMG eine elektrifizierte Version des SLS als Prototyp vor, den E-Cell. Vier permanenterregte Synchron-Elektromotoren sorgen für 533 PS Leistung. Das maximale Drehmoment beträgt 880 Nm, was die serienmäßigen 650 Nm weit überflügelt. Die Reichweite beträgt 200 Kilometer, die Höchstgeschwindigkeit 250 km/h – diesmal nicht abgeregelt. Beim Bremsen wird rekuperiert, was die Batterie teils wieder auflädt. 2013 bringt AMG die Serienversion in grellem Gelb – jetzt 751 PS stark und gesegnet mit einem maximalen Drehmoment von 1000 Nm. Damit klappt der Sprint in 3,0 Sekunden.

Mercedes-Benz GLA 45 AMG, Mercedes-AMG GLA 45

Technische Daten	
Code:	X 156
Bauart:	SUV
Baujahr:	seit 2014
Motor:	R4-Twinscroll-Turbo
Hubraum:	1991 ccm
Leistung:	360 – 381 PS
Getriebe:	Siebengang-Automatik
Antrieb:	Allrad
Vmax:	250 – 270 km/h

Kurz nach den normalen GLA-Modellen gibt es natürlich auch eine AMG-Version, zunächst noch als Mercedes-Benz GLA 45 AMG. Der Motor leistet 360 PS und 450 Nm, was den Sprint in 4,8 Sekunden möglich macht. Ein Driver Package ist erst ab 2015 zu haben, nachdem das Auto Mercedes-AMG GLA 45 heißt und der Motor nun 381 PS und 475 Nm liefert. Der Sprint klappt in 4,4 Sekunden, das Drivers Package gibt das Tempo bis 270 km/h frei.

Mercedes-Benz C 450 AMG 4Matic, Mercedes-AMG C 43 4Matic, C 63, C 63 S

Technische Daten	
Code:	W 205
Bauart:	Limousine, Kombi, Coupé, Cabriolet
Baujahr:	seit 2015
Motor:	V6-Biturbo, V8-Biturbo
Hubraum:	2996 ccm, 3982 ccm
Leistung:	367 – 510 PS
Getriebe:	Siebengang-, Neungang-Automatik
Antrieb:	Hinterräder, Allrad
Vmax:	250 – 290 km/h

Anfang 2015 bringt Daimler die AMG-Fassungen der C-Klasse gleich in zwei verschiedenen Ausführungen. Die erste Version ist der C 450 AMG 4Matic, der ab 2016 Mercedes-AMG C 43 4Matic heisst. Der „kleine" AMG besitzt zuerst einen Dreiliter-Sechszylinder-Biturbo mit 367 PS und 520 Nm. 2018 wird nachgeschärft, dann leistet das Auto 390 PS, das maximale Drehmoment bleibt unverändert. Der „kleine" AMG hat grundsätzlich Allradantrieb, mit dem Namenswechsel zieht auch eine Neungangautomatik statt einer mit sieben Gängen in den Antriebsstrang. Die stärkeren Versionen heißen C 63 und C 63 S, beherbergen einen V8-Biturbo mit 476 respektive 510 PS, Hinterradantrieb und 650 sowie 700 Newtonmetern Drehmoment. Ab Juli 2018 ist auch das Top-Modell mit einem Neungang-AMG-Speedshift-Getriebe statt mit dem Siebengang-Sportgetriebe ausgestattet. Limousine und Coupe werden beim Drivers Package bis 290 km/h freigeschaltet, Kombi und Cabriolet nur bis 280 km/h.

Mercedes-AMG GT, GT S, GT C, GT R, GT R Pro

Der neue Sportwagen von AMG – die zweite vollständige Eigenentwicklung – wird erstmals im Oktober 2014 auf dem Pariser Salon gezeigt und kommt bald darauf in zwei Leistungsstufen auf den Markt: als Mercedes-AMG GT und als GT S. Das dynamische Fahrerlebnis soll resultieren aus dem Konzept von Frontmittelmotor, Transaxle und Alu-Leichtbau. Der V8-Biturbo ist der erste Sportwagenmotor mit innen montierten Turboladern und Trockensumpfschmierung. 2016 folgt mit dem Roadster die offene Version.

Der Einstiegs-GT kommt mit 462 PS, der GT S mit 510 PS. 2017 hat der Kunde eine noch größere Auswahl: Der GT leistet jetzt 476 PS, die S-Version 522 PS, und zusätzlich sind der GT C mit 557 PS und der GT R mit 585 PS im Programm. Sämtliche Versionen sind als Coupé und als Roadster zu haben. Die geschlossenen Varianten werden auch als Safety-Cars bei der Formel 1 eingesetzt. Das Gewicht beginnt bei 1540 Kilogramm. Im November schärft AMG die GT nach mit der integrierten Fahrdynamikregelung „AMG

Dynamics", mit einem neuen Lenkrad, einer Mittelkonsole mit innovativen Displaytasten aus dem AMG GT 4-Türer und mit einem volldigitalen Instrumenten-Display. Zusätzlich bietet AMG den limitierten Straßenrenner GT R Pro an, dessen Fahrwerk sich noch näher an den Rennversionen GT3 und GT4 orientiert und der ein Track Package mit unter anderem Feuerlöscher, Käfig und Vierpunktgurten beinhaltet.

Technische Daten	
Code:	C 190, R 190
Bauart:	Coupé, Roadster
Baujahr:	seit 2014
Motor:	V8-Biturbo
Hubraum:	3982 ccm
Leistung:	462 – 585 PS
Getriebe:	Siebengang-Doppelkupplung
Antrieb:	Hinterräder
Vmax:	304 – 318 km/h

Mercedes-Benz S 63 AMG, S 65 AMG, Mercedes-AMG S 63, S 63 4Matic, S 65

Die neue S-Klasse im AMG-Gewand, bereits die zehnte Generation der Spitzenklasse, kommt 2013 auf den Markt – zunächst als Limousine mit kurzem und langem Radstand sowie mit und ohne Allradantrieb. Kurz darauf erscheint das S-Klasse Coupé C 217, danach als A 217 das Cabriolet – beides die Nachfolger der ehemaligen CL-Klasse. Das Coupe erscheint zuerst auf dem Markt, und zwar 2014 in zwei Versionen wie die Limousine: mit 5,5 Liter großem V8 Biturbo, 585 PS und wahlweise mit Hinterrad- oder Allradantrieb.

Im September 2017 wird der Motor ersetzt durch einen downgesizten Vierliter-V8-Biturbo, der aber nun 612 PS leistet. Das Cabriolet kommt 2016 – es ist das erste Cabrio der Spitzenklasse von Mercedes-Benz seit dem W 111, der 1971 eingestellt wurde. Ebenfalls 2014 gibt es alle S-Klasse-Derivate auch mit V12-Biturbo, dann als S 65.

Technische Daten	
Code:	W 222, C 217, A 217
Bauart:	Limousine, Coupé, Cabriolet
Baujahr:	seit 2013
Motor:	V8-Biturbo, V12-Biturbo
Hubraum:	3982 – 5980 ccm
Leistung:	585 – 630 PS
Getriebe:	Sieben- und Neungang-Automatik
Antrieb:	Hinterräder, Allrad
Vmax:	250 km/h, 300 km/h

Der Sechslitermotor mit Saugrohreinspritzung leistet 630 PS und 1000 Newtonmeter und besitzt grundsätzlich angetriebene Hinterräder. Mit Drivers Package lassen sich alle AMG-Modelle bis zu 300 km/h ausreizen.

Mercedes-AMG GLC 43 4Matic, GLC 63 4Matic+, GLC 63 S 4Matic+

Der GLC hieß früher GLK – seit 2014 muss der Kunde sich umorientieren. Die Namensänderung soll verdeutlichen, dass das Auto auf der C-Klasse basiert. Zuerst ist nur der allradgetriebene GLC 43 zu haben, der mit einem V6-Biturbo ausgestattet ist, was 367 PS bedeutet. 2017 kommt der GLC 63 4Matic+ hinzu, den ein Vierliter-V8-Biturbo mit 476 PS antreibt. Das S-Modell bietet 510 PS an.
2019 sorgt eine Modellpflege für optische und technische Auffrischung: Die Benzinmotoren setzen auf Mildhybridtechnik mit 48-Volt-Startergeneratoren, jeweils mit 10 kW und 150 Nm Boost. Ein GLC 63 S 4Matic+ holt sich im November 2018 den Titel des schnellsten Serien-SUV auf der Nordschleife am Nürburgring. Die Rundenzeit: 7:49,369 Minuten.

Technische Daten	
Code:	X 253
Bauart:	SUV
Baujahr:	seit 2016
Motor:	V6-Biturbo, V8-Biturbo
Hubraum:	2996 ccm, 3982 ccm
Leistung:	367 – 510 PS
Getriebe:	Neungang-Automatik
Antrieb:	Allrad
Vmax:	250 – 280 km/h

Mercedes-AMG SLC 43

Technische Daten	
Code:	R 172
Bauart:	Roadster
Baujahr:	2016 – 2019
Motor:	V6-Biturbo
Hubraum:	2996 ccm
Leistung:	367 PS, 390 PS
Getriebe:	Neungang-Automatik
Antrieb:	Hinterräder
Vmax:	250 km/h

Ab 2016 heisst der Roadster SLK nun SLC, somit löst der SLC 43 den SLK 55 AMG ab. Aber es ändert sich viel mehr als nur der Name: Statt eines direkteinspritzenden V8 sitzt jetzt ein V6-Biturbo unter der Haube. Er leistet zunächst 367 PS, wird aber 2018 auf 390 PS gestärkt. Das reicht für den Sprint in 4,7 Sekunden. Wie bei vielen anderen Modellen kann der Kunde auch ein AMG Sport paket für seinen SLC ordern, das etwa Front- und Heckschürze sowie Seitenschweller von AMG beinhaltet, AMG-Leichtmetallräder und spezielle LED-Tagfahrlichtbänder. Zusätzlich gehören eine stärkere Bremse dazu, eine etwas tiefergelegte Karosserie und ein Sportfahrwerk. Einen echter AMG wird der SLC dadurch aber noch lange nicht. 2019 offeriert Mercedes die „Final Edition" – mit ein paar Extras für mindestens 41.507 Euro. Ein Nachfolger ist nicht in Sicht.

Mercedes-AMG GT 4-Türer Coupé 43 4Matic+, GT 53 4Matic+, GT 63 4Matic+, GT 63 S 4Matic+ (310)

Auch AMG drängt in das neue Segment der „viertürigen Coupés", wie es die Marketingabteilung suggeriert. Das mindestens zwei Tonnen schwere AMG-Eigengewächs in der ungewöhnlichen Limousinenform gibt es gleich in vier Leistungsstufen: Die Basis bildet ein Dreiliter-Reihensechszylinder mit 367 PS plus 22 PS aus einem E-Motor, es folgen 435 PS plus 22 PS elektrisch generiertem EQ-Boost. Der Preis beginnt bei 95.260 Euro. Wer mehr will, kann einen GT mit V8-Biturbo unter der Haube kaufen – mit wahlweise 585 oder 639 PS. Letzterer kostet als GT 63 S dann schon 167.000 Euro. Der Sprint gelingt mit dem Boliden in 3,2 Sekunden, und nun denkt keiner mehr an eine Tempoabregelung – 315 km/h kann man zu viert problemlos genießen. Im Oktober 2018 knackt ein GT 63 S 4Matic+ den bisherigen Rekord für den schnellsten Serien-Viersitzer auf der Nordschleife: Das Auto rast in 7:25:41 Minuten durch die Grüne Hölle.

Technische Daten	
Code:	X 290
Bauart:	Limousine
Baujahr:	seit 2018
Motor:	R6-Turbo mit E-Motor, V8-Biturbo
Hubraum:	2999 ccm, 3982 ccm
Leistung:	367 PS – 639 PS
Getriebe:	Neungang-Automatik
Antrieb:	Hinterräder, Allrad
Vmax:	270 – 315 km/h

Mercedes-AMG A 35 4Matic

Auch die vierte Generation der A-Klasse ist, wie bereits die dritte, als AMG-Version zu haben – allerdings mit völlig neuem Motor, der 309 PS produziert. Rund ein halbes Jahr nach den Basisvarianten stellt AMG seine Version auf dem Pariser Autosalon 2018 vor, allerdings zunächst nur mit Schrägheck. Eine Steilheckversion wird Anfang 2019 nachgereicht. Beide sind mehr als 1,5 Tonnen schwer, aber das spielt für den Zweiliter-Vierzylinder-Turbo kaum eine Rolle. Die AMG-Version ist grundsätzlich mit Allradantrieb ausgestattet und rennt 250 km/h. 4,7 Sekunden reichen für den Sprint auf 100 km/h. Das Modell kostet in Deutschland gut 47.000 Euro und soll AMG-Anfängern den Einstieg in die schwäbische Power-Welt erleichtern.

Technische Daten	
Code:	W 177
Bauart:	Limousine
Baujahr:	seit 2018
Motor:	R4-Turbo
Hubraum:	1991 ccm
Leistung:	306 PS
Getriebe:	Siebengang-Automatik
Antrieb:	Allrad
Vmax:	250 km/h

Mercedes-AMG CLA 35 4Matic

Kurz nach der neuen zweiten Generation des CLA stellt AMG seine Version des „viertürigen Coupés" vor – auf der New York International Auto Show. Für Herbst 2019 wird die 306 PS starke heiße Version als Limousine und auch als Shooting Brake mit 306 PS aus einem Zweiliter-Vierzylinder-Turbo angekündigt. 400 Newtonmeter und Allradantrieb erlauben den Sprint in 4,9 Sekunden.

Technische Daten	
Code:	C 118, X 118
Bauart:	Limousine, Shooting Brake
Baujahr:	seit 2019
Motor:	R4-Turbo
Hubraum:	1991 ccm
Leistung:	306 PS
Getriebe:	Siebengang-Automatik
Antrieb:	Allrad
Vmax:	250 km/h

Mercedes-AMG Project One

Der Mercedes-AMG Project One ist ein zweisitziger Supersportwagen, dessen Antriebseinheit aus dem Formel-1-Rennwagen Mercedes F1 W07 Hybrid stammt. Das Fahrzeug wird im September 2017 auf der IAA in Frankfurt zum ersten Mal öffentlich vorgestellt. Mehr als 1000 PS sollen das Auto schneller als 350 km/h machen. Der Project One, der in der (Klein-)Serienversion nur noch One heißt, sieht aus wie ein Zwitter aus Straßenauto und LMP1-Rennwagen – oder anders ausgedrückt: fantastisch, obwohl der Designgrundsatz „form follows function" gilt. Das Auto folgt dem Mittelmotorkonzept, das Cockpit ist weit vorne platziert. Innen orientiert sich das Design am Formel-1-Renner mit rechteckigem Lenkrad und verstellbaren Pedalen. Die Schalensitze sollen die beiden Insassen ans Monocoque klammern. Der Antrieb besteht aus einem 1.6-Liter-V6-Turbo-Hybrid mit vier Elektromotoren. Der Allradler will damit in rund sechs Sekunden von 0 auf 200 km/h sprinten. Die rein elektrische Reichweite beträgt 25 Kilometer.

Technische Daten	
Code:	R 50
Bauart:	Coupé
Baujahr:	ca. 2019
Motor:	V6-Turbo mit vier Elektromotoren
Hubraum:	1600 ccm
Leistung:	1000 PS
Getriebe:	Automatisierter Achtgang-Handschalter
Antrieb:	Allrad
Vmax:	350 km/h

Mercedes-Benz im Motorsport

ROLEX
ROLEX
PETRONAS
SYNTIUM

MERCEDES-BENZ IM MOTORSPORT

Die motorsportlichen Anfänge

Das erste echte Autorennen der Geschichte wird am 22. Juli 1894 gestartet. Es führt von Paris nach Rouen über 128 Kilometer. Der Sieger erhält ein Preisgeld von 5000 Franc. 21 Bewerber erscheinen am Start. Mit dabei: Peugeot, Panhard & Levassor, De Dion – und natürlich Benz und Daimler. 15 Autos überstehen die Tortur, Sieger ist nach fünf Stunden und 40 Minuten ein Dampftrecker von De Dion-Bouton. Danach folgen zwei Peugeot, zwei Panhard & Levassor und noch ein Peugeot. Der wahre Sieger aber heißt Gottlieb Daimler: Die fünf Peugeots und vier Panhard & Levassor fahren allesamt mit seinen Motoren.

Die ersten Rennen mit Autos sind eher Zuverlässigkeitfahrten als Tempojagden – aber als solche ungemein beliebt und für die Hersteller wichtig. In den Anfangsjahren der Automobilität fast immer mit dabei: Fahrzeuge von Daimler und Benz. So siegt Oscar Mueller beim ersten US-Autorennen auf einem Benz am 2. November 1895. Zwei Jahre darauf wagt der Journalist und Ingenieur Henry Sturmey aus Coventry die Fahrt von John O'Groats (Nordschottland) nach Land's End im Süden Englands mit einem Vier-PS-Daimler. Die 1500 Kilometer lange Fahrt dauert 93,5 Stunden.

Das erste Rennen in Deutschland ist die Wettfahrt Berlin-Potsdam-Berlin vom 25. bis 27. Mai 1898. Mit Dabei: Daimler und Benz, logisch. Bei der Tourenfahrt Nizza - Magagnon - Nizza am 21. März 1898 siegt zum ersten Mal ein Auto mit dem Namen Mercedes. Es ist eigentlich ein

Daimler-Phoenix mit 27-PS-Vierzylinder. Am Steuer: Emil Jellinek, Nizza-Kenner und österreich-ungarischer Generalkonsul. Er ist unter Pseudonym (sowohl Auto als auch Fahrer) gestartet, falls der Wagen zusammenbrechen sollte. Aber Wilhelm Maybach hat ihm den schnellsten Rennwagen seiner Zeit gebaut.

Am 30. März 1900 beklagt die Daimler-Motoren-Gesellschaft ihren ersten toten Rennfahrer: Beim Bergrennen Nizza - La Turbie verliert Werkmeister Wilhem Bauer die Kontrolle über seinen Daimler und stößt mit dem Kopf gegen eine Felswand. Aber nicht nur deshalb äußert sich Karl Benz 1901 kritisch über die Entwicklung im Motorrennsport – er hält ein Spitzentempo von 50 Stundenkilometern generell für ausreichend. Diese eigenwillige Begrenzung schlägt sich allerdings negativ auf sein Geschäft nieder: In diesem Jahr verkauft er nur noch 385 Autos.

Er findet kaum Gehör, dafür starten die Rekordfahrten: Vanderbilt fährt 1904 im 60-PS-Mercedes 148,54 Stundenkilometer schnell, Thomas 1905 im 90-PS-Mercedes zehn Meilen mit einem Durchschnittstempo von 153,3 km/h, Oldfield rast 1910 beachtliche 211,997 Stundenkilometer im Blitzen-Benz, Burman verbessert das 1911 mit 228,1 Stundenkilometern. Der Benz-Weltrekordwagen besitzt einen 21,5-Liter-Motor mit 200 PS. Bis 1919 wird dieses Tempo nicht geknackt.

Am Sonntag, dem 19. Juni 1927, findet das erste Autorennen auf dem Nürburgring (Eifelrennen) statt. Erster Sieger über den Gesamtkurs wird Rudolf Caracciola im Mercedes-Benz S. Er fährt zwölf Runden (340,8 Kilometer) in 3 Stunden, 33 Minuten und 23 Sekunden. Knapp einen Monat später wird dort erstmals der Grand Prix von Deutschland ausgetragen. Dort belegen drei Typ S die ersten Plätze. Manfred von Brauchitsch

Startvorbereitungen für den Großen Preis von Deutschland für Sportwagen auf dem Nürburgring am 17. Juli 1927: Rudolf Caracciola (Startnummer 4) auf einem Mercedes-Benz Typ S.

siegt 1932 im AVUS-Rennen mit 194,4 Stundenkilometern Durchschnittstempo. Sein Rennwagen ist ein alter Mercedes-Benz SSK mit Stromlinienkarosserie.

Das Internationale Avus-Rennen am 26. Mai 1935 gewinnt Luigi Fagioli auf einem W 25. Der einsitzige Rennwagen W 25 mit einem 430 PS starken Reihenachtzylinder-Kompressormotor wird von Mercedes-Benz von 1934 bis 1936 in der „750-kg-Formel" eingesetzt.

Am 3. Juni 1934 beginnt die Ära der Mercedes-Silberpfeile. Der Name geht zurück auf die Grand-Prix-Rennen, die nun nach der 750-Kilogramm-Rennformel ausgetragen werden. Da die weißlackierten Mercedes-Rennwagen um genau ein Kilogramm zu schwer sind, lässt der Legende nach Mercedes-Benz-Rennleiter Alfred Neubauer die Farbe abkratzen: Die „Silberpfeile" schimmern nun silbrig und wiegen kein Gramm mehr als 750 Kilogramm.

Am 28. Januar 1938 fährt Caracciola auf einem abgesperrten Autobahnabschnitt zwischen Frankfurt und Darmstadt mit einem Mercedes-Benz-Stromlinienwagen (5,6-Liter-Zwölfzylinder-Kompressor, 610 PS) rund 430 Stundenkilometer schnell. Bernd Rosemeyer will es im Auto-Union überbieten – er stirbt bei dem Versuch. Und Mercedes-Benz baut 1939 den Mercedes T 80, konzipiert als Weltrekordwagen. Das von Ferdinand Porsche konstruierte, lange, silberfar-

Mercedes-Benz kehrt 1952 mit dem 300 SL Sportprototyp in den Rennsport zurück und feiert mit diesem Modell zahlreiche großartige Erfolge, wie im November des Premierenjahres den Sieg bei der Carrera Panamericana in Mexiko (Foto), dem härtesten Langstreckenrennen der Welt.

bene, aerodynamisch geformte Auto besitzt einen V12-Flugzeugmotor mit 44.522 Kubikzentimetern Hubraum, soll 3000 PS bei 3200/min leisten und 600 km/h schnell sein. Wegen des Zweiten Weltkrieges wird der Wagen allerdings nie eingesetzt.

Neuanfang nach dem Krieg

Nach dem Krieg will Mercedes-Benz so bald wie möglich wieder ins Renngeschehen eingreifen. Zunächst wird ein Mercedes 300 so umgearbeitet, dass daraus 1952 der Rennsportwagen 300 SL (W 194) entsteht. Neubauer führt diese Wagen zu Siegen bei der Carrera Panamericana und den 24 Stunden von Le Mans.

Als in der Formel-1-Saison 1954 wieder Formel-Rennwagen von Mercedes an den Start gehen, erweisen sich die neuen Silberpfeile als ebenso überlegen wie die ehemaligen vor dem Krieg. Juan Manuel Fangio wird 1954/1955 auf Mercedes Formel-1-Weltmeister. Seinen wohl schwärzesten Tag als Rennleiter erlebt Neubauer am 11. Juni 1955 in Le Mans, als ein Mercedes-Benz 300 SLR ohne eigenes Verschulden in die Zuschauermenge geschleudert wird und 83 Menschen sowie den Piloten Pierre Levegh tötet. Daimler-Benz steigt daraufhin sofort aus dem Motorsport aus – auch wenn dem Vernehmen nach der Ausstieg schon Monate vor dem Drama beschlossen gewesen sein soll.

Privat sind allerdings weiterhin Mercedes-Modelle in Rennen unterwegs – zum Beispiel im Rallyesport. Karl Kling gewinnt 1959 die Rallye Mediterranée - Le Cap mit einem 190 D und 1961 die Rallye Algier - Zentralafrika im 220 SE. Eugen Böhringer und Walter Schock werden Tourenwagen-Könige, Schock gewinnt die Rallye Monte Carlo 1960, Erich Waxenberger siegt im Sechsstunden-Rennen in Macao im 300 SEL 6.3. Ein 280 SE gewinnt den Marathon London - Sydney 1977. Bei der Bandama-Rallye 1978 liegen gleich vier Mercedes vorn, es siegt ein 450 SLC. 1980 ist dort ein 500 SLC siegreich. Und 1983 gewinnt eine G-Klasse mit Jacky Ickx am Steuer die Rallye Paris - Dakar.

Großer Preis von Monaco am 22. Mai 1955: Juan Manuel Fangio (Startnummer 2) und Stirling Moss (Startnummer 6), beide auf Mercedes-Benz Formel-1-Rennwagen W 196 R Monoposto liegen in der Gasometer-Spitzkehre vor dem Lancia D 50 von Alberto Ascari (Startnummer 26).

Mercedes-Benz in der Königsklasse: Formel 1

1994 kommt Mercedes zurück in die Formel 1 – nach 39 Jahren Pause. Zuerst wird mit dem Team von Peter Sauber kooperiert, 1995 entsteht das Team McLaren-Mercedes. Am 9. März 1997 siegt erstmals wieder ein „Silberpfeil" nach dem Ausstieg von Mercedes aus der Formel 1 im Jahr 1955: Den GP in Australien gewinnt David Coulthard.

1998, 1999 und 2008 sichert sich Mercedes drei Fahrerweltmeisterschaften mit zweimal Häkkinen und einmal Hamilton, 1998 auch die Konstrukteurs-Wertung. 2009 triumphiert Jenson Button auf Brawn-Mercedes, 2010 gründet Mercedes sein eigenes Werksteam. Die Fahrer: Michael Schumacher und Nico Rosberg. Seit 2014 dominiert Mercedes die Formel 1 – viermal heißt der Weltmeister Lewis Hamilton, einmal Rosberg. 2018 holt sich Mercedes-AMG Petronas Motorsport zum fünften Mal in Folge die Konstrukteurs-Meisterschaft, gleichzeitig verabschiedet sich Mercedes-Benz Ende des Jahres als langjähriger Hauptsponsor des Deutschen Fußball-Bundes). Der 1000. Formel 1-Lauf, gestartet am 14. April 2019 in China, geht an Mercedes mit einem Doppelsieg: Erster Hamilton, Zweiter Bottas.

Lewis Hamilton gewinnt zwei Jahre nachdem er ins McLaren Formel-1-Team gekommen ist in der Saison 2008 seine erste Weltmeisterschaft – mit einem Punkt Vorsprung vor Felipe Massa (Ferrari).

Aus dem britischen Rennstall Brawn GP geht für die Saison 2010 das neue Mercedes-Werksteam hervor: Ex-Williams-Fahrer Nico Rosberg (li.)und der siebenfache Weltmeister Michael Schumacher sind die Piloten des Mercedes MGP W01.

Ende der Saison 2012 ist endgültig Schluss: Michael Schumacher (hier unterwegs mit dem MGP W02 beim Grand Prix Malaysia im Jahr 2011) tritt ein zweites Mal vom Rennsport zurück.

Der Finne Mika Häkkinen – hier bei Testfahrten mit dem McLaren-Mercedes MP 4-12 – holt 1997 seinen ersten Sieg, im Jahr darauf mit dem ebenfalls Mercedes-angetriebenen MP 4-13 seinen ersten Weltmeistertitel.

Silber dominiert: Mit 11 Saison-Siegen und 67 Punkten Vorsprung auf den Teamkollegen Rosberg feiert Hamilton 2014 seinen zweiten WM-Titel. Sein Dienstwagen in jenem Jahr ist der Mercedes AMG Petronas W05 Hybrid.

Die Saison 2016 wird das Jahr des Nico Rosberg: Nach 21 sowohl körperlich als auch psychisch teils extrem harten Rennen gewinnt er auf dem Mercedes F1 W07 Hybrid mit 5 Punkten Vorsprung auf Teamkollege Lewis Hamilton die Weltmeisterschaft. Wenige Tage nach dem letzten Rennen tritt Rosberg zurück …

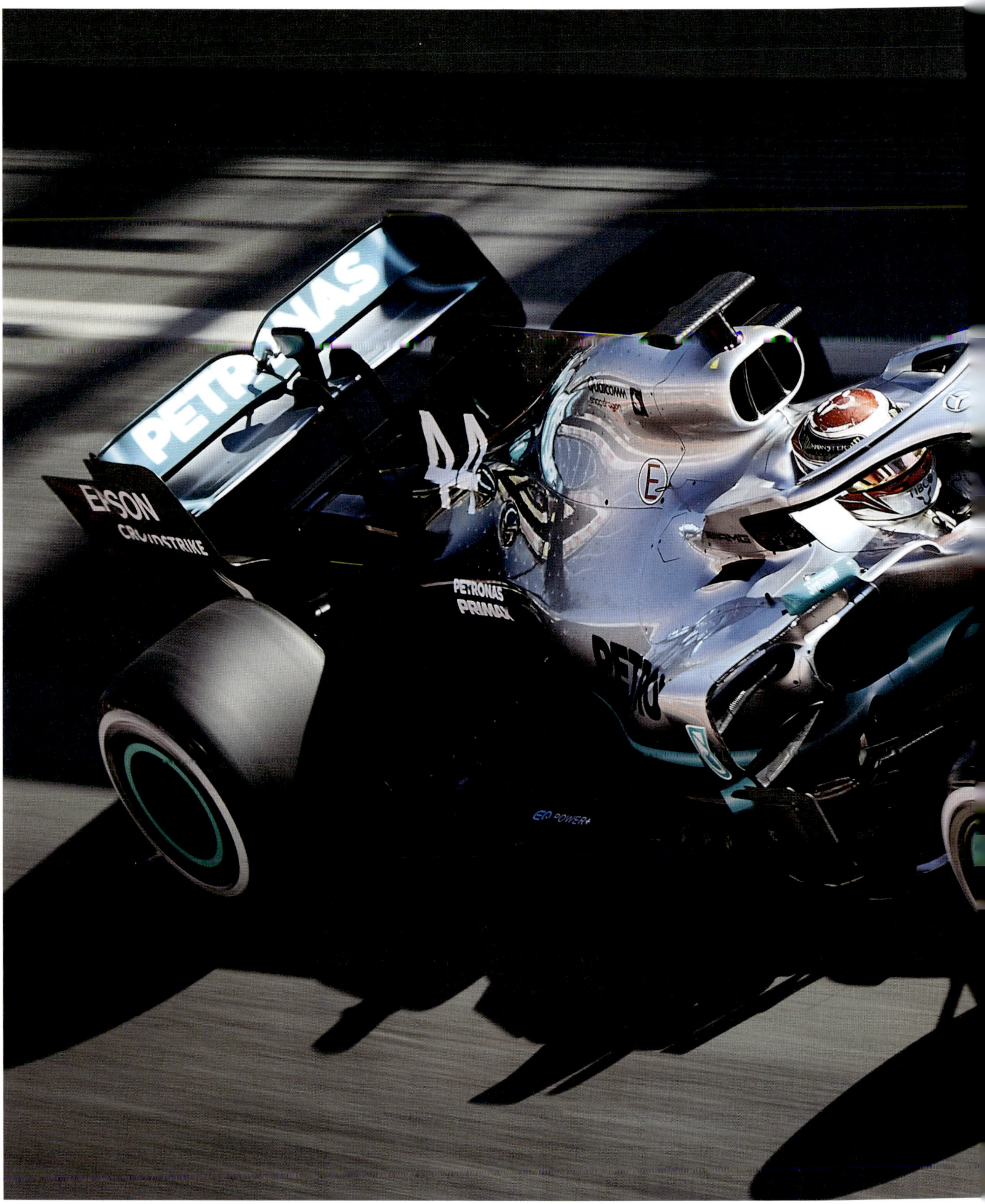
PETRONAS
EPSON
CROWDSTRIKE
44
PETRONAS
PRIMAX

Nach seinen Titelgewinnen 2008, 2014, 2015, 2017 und 2018 ist Lewis Hamilton mit dem Mercedes-AMG F1 W10 EQ Power+ auch 2019 auf dem sicheren Weg zum Sieg in der Formel-1-Weltmeisterschaft. Mit fünf Titeln steht der seit 2007 in der Königsklasse fahrende Brite jetzt schon auf einer Stufe mit Juan-Manuel Fangio. Nebenbei sichert sich Hamilton auch den Sieg im 1000. Formel-1-Rennen: Beim Großen Preis von China 2019 fährt er als Erster über die Ziellinie. Zudem feiert Mercedes-Benz im Juli desselben Jahres beim GP von Deutschland auf dem Hockenheimring ein besonderes Jubiläum: „125 Jahre Motorsport". Apropos Statistik: Das im englischen Brackley stationierte Mercedes-Team – mit einem geschätzten Jahresbudget von ca. 450 Millionen Euro und 860 Mitarbeitern – ist nach Ferrari das erste F1-Team, das fünf WM-Titel in Folge (2014-2018) feiern kann.

Motorsport mit Prototypen

Am 12. Januar 1987 beschließt Daimler-Benz die offizielle Rückkehr in den internationalen Motorsport, und zwar zunächst in die Gruppe-C-Weltmeisterschaft – seit 1985 werden dazu bereits Motoren an den Partner Sauber geliefert. Schon 1989 wird Mercedes Weltmeister in der Klasse der Sportwagen mit dem Mercedes-Sauber C 9, dessen Triebwerk auf dem Motor des 500 SL basiert. 1989 gewinnt der C 9 die 24 Stunden von Le Mans, pilotiert von Jochen Mass, Manuel Reuter und Stanley Dickens. Auch der zweite Platz geht an einen C 9, Jean-Louis Schlesser wird Sportwagenweltmeister. In diesem Jahr wird auch das Mercedes-Benz Junioren-Team gegründet mit Michael Schumacher, Heinz-Harald Frentzen und Karl Wendlinger.1991 zieht sich Mercedes aus der Gruppe C zurück – ihr Zwölfzylinder C 291 ist wenig erfolgreich.

1995 ruft die FIA die GT1-Meisterschaft ins Leben für die leistungsstärksten GT-Rennwagen der FIA-Rennserien, 1997 steigt Mercedes dort ein. Sportgerät ist der CLK GTR – der sich als Vorbild den CLK (W 208) nimmt. Aber mit seinem V12-Mittelmotor hat der Renner kaum etwas mit dem Straßenauto zu tun, auch wenn 25 straßenzugelassene Exemplare für die Homologation gebaut werden müssen. Bernd Schneider gewinnt mit dem CLK GTR die Meisterschaft, AMG holt den Team-Titel – letzteres gelingt auch 1998. Dem CLK GTR folgen CLK LM und CLR – letzteren baut Mercedes in Anlehnung an den C 215, aber extrem flach und voll auf Abtrieb geformt. In Le Mans endet das Experiment allerdings im Desaster: Schon im Training gibt es zwei Überschläge – Peter Dumbreck fliegt im Rennen mit so einem Auto in hohem Bogen von der Piste und landet irgendwo seitlich in der Pampa. Die Verantwortlichen sagen daraufhin Le Mans (und der GT-Meisterschaft) ein zweites Mal Adieu.

Sprungbrett für die Formel 1: Das Fahrerteam Michael Schumacher und Karl Wendlinger bestreitet mit Unterstützung von Mercedes Rennen zur Sportwagen-Weltmeisterschaft. Das Team des Schweizers Peter Sauber ist für den Einsatz der Mercedes-Benz Gruppe-C-Rennsportwagen verantwortlich, später auch für die ersten Formel-1-Einsätze. Der C 291 fährt hier das 430-km-Rennen „Trofeo Caracciola" in Monza im Mai 1991. Die beiden Deutschen sichern dem Team Sauber Mercedes Platz 3 in der Weltmeisterschaft jenes Jahres durch einen Sieg beim letzten Lauf in Japan.

Bereits die erste Saison der neuen FIA-GT-Meisterschaft 1997 erlebt die Dominanz des Mercedes CLK-GTR, der in der GT1-Klasse an den Start geht. Bernd Schneider sichert sich mit fünf Siegen den GT1-Meistertitel, die Teamwertung geht an AMG Mercedes.

Der CLK-LM beherrschte auch das Renngeschehen in der Saison 1998 (hier beim vierten Lauf in Dijon). Alle 10 Läufe gewinnt ein CLK-GTR oder dessen Evolutionsstufe CLK-LM (Bild)! Klaus Ludwig und Ricardo Zonta erringen den Fahrertitel vor dem Duo Bernd Schneider/Mark Webber.

Erfolge mit Tourenwagen

Nach dem Ende der Deutschen Rennsportmeisterschaft zu Beginn der 1980er Jahre fehlt in Deutschland eine echte Tourenwagenserie. Diese Lücke will zur Saison 1984 die Deutsche Produktionswagen Meisterschaft schließen – und der Plan geht auf. Spannende Rennen begeistern die Fahrer und Fans bereits ab der ersten Saison. Auch die Hersteller entdecken das Potenzial dieser Meisterschaft und so schicken BMW, Ford und Mercedes jeweils vertreten durch professionelle Teams ihre M3, Sierra Cosworth und 190er in die Rennen. Damit sich das Championat entsprechend professioneller entwickeln und vermarkten lässt, gründen AMG-Chef Hans Werner Aufrecht zusammen mit anderen Teamchefs und Funktionsträgern 1986 die ITR (Interessensgemeinschaft Tourenwagenrennen), deren Vorsitz er auch übernimmt. Es ist gleichzeitig auch die Geburtsstunde für die Deutsche Tourenwagen-Meisterschaft, wie die Rennserie jetzt heißt. Mercedes-Benz will mit Partner AMG mitmischen. Privatteams sind mit einem Mercedes-Modell schon seit 1985 unterwegs – zur Saison 1986 bekommt jedoch der Mercedes 190 E 2.3-16 seine FIA-Homologation. Die Stuttgarter gewinnen gleich sechs Rennen und werden mit Roland Asch am Steuer des Autos vom Berliner BMK-Team Vizemeister. In der zweiten Saison werden sogar acht Rennen gewonnen, Kurt Thiim belegt Platz vier der Fahrerwertung. Zur Saison 1989 gelingt AMG ein spektakulärer Fahrerwechsel: Der amtierende Meister und Tourenwagen-Spezialist Klaus Ludwig wechselt von Ford zu den Affalterbachern. Ein Jahr später wird Norbert Haug Motorsport-Chef. Nach einem Vize-Titel 1991 steht die Saison 1992 ganz im Zeichen von Klaus Ludwig und Mercedes-Benz: die Stuttgarter holen mit 16 Einzelsiegen die Markenmeisterschaft, AMG gewinnt die Teamwertung und der Bonner sichert sich den Fahrertitel, den er zwei Jahre später erneut erkämpft, diesmal auf der neuen C-Klasse.

Tourenwagensport hat eine lange Tradition im Hause Mercedes-Benz. In der populären Deutschen Tourenwagenmeisterschaft startet der Mercedes 190 E 2.5-16 Evo II (im Bild ganz links, Fahrerin Ellen Lohr), dessen Nachfolger AMG Mercedes C-Klasse DTM (im Bild ganz rechts, Ausführung 1995, Bernd Schneider) bereits nach dem teuren Klasse-1-Reglement aufgebaut ist. Im Jahr 1989 tritt AMG mit einem 500 SEC (Bild hinten Mitte) zum 24-Stunden-Rennen in Spa an. Klaus Ludwig und Alain Cudini scheitern jedoch an technischen Problemen. Der Mercedes-Benz 450 SLC AMG „Mampe" (Bild vorn Mitte) debütierte 1978: AMG trat mit diesem 375 PS starken V8-Monster in der Tourenwagen-EM in der Gruppe 2 an. Fahrer: Hans Heyer und Clemens Schickentanz.

Mit dem Mercedes-Benz 190 E 2.5-16 Evo II gewinnt Klaus Ludwig 1992 seinen zweiten DTM-Titel.

Bernd Schneider kann sich 1995 über seinen ersten von insgesamt fünf Meistertiteln in der Deutschen Tourenwagen-Meisterschaft freuen. Gleichzeitig wird er ITC-Champion. Als Einsatzgerät dient der AMG Mercedes C-Klasse Rennsport-Tourenwagen.

Im Jahr 2000 debütiert die „neue" DTM: Insgesamt sechs Läufe der Deutsche Tourenwagen-Masters kann Bernd Scheider für sich entscheiden und erhält damit bei der Saisonabschlussfeier auch die Meisterehrung.

In der Saison 2003 folgt Bernd Scheiders vierter Streich: Nach 1995, 2000 und 2001 folgt der nächste DTM-Titel, dieses Mal auf einem AMG Mercedes CLK-DTM C 209.

Auch Formel-1-Fahrer versuchen sich in der DTM: Der ehemalige Weltmeister Mika Häkkinen greift im Team Sport Edition AMG-Mercedes von 2005 bis 2007 ins Lenkrad.

1995 beginnt die große Zeit von Bernd Schneider. Er holt den Titel sowohl in der DTM als auch in der ITC, der International Touring Car Championship. 1996 wird er Vizechampion, allerdings sorgen die Kostenexplosion durch das neue Klasse-1-Reglment, der Ausstieg von Opel und BMW sowie der Weggang vieler Privatteams für den Niedergang dieser einst so stolzen Meisterschaft.

Nicht zuletzt den Bemühungen von AMG-Chef Aufrecht, der diese Situation nicht akzeptieren kann, ist es zu verdanken, dass die DTM im Jahr

Von der DTM in die Formel 1: Der aus dem baden-württembergischen Sigmaringen stammende Pascal Wehrlein wechselt nach seinem Titelgewinn 2015 für die nächste Saison in die Königsklasse des Motorsports. Nach einem Jahr Manor Racing ist seine Station für 2017 Sauber Motorsport.

2000 einen Neustart hinlegt: Deutsche Tourenwagen-Masters heißt das neue Championat. Und Mercedes gelingt ein perfekter Auftakt. Bernd Schneider – inzwischen GT1-Gesamtsieger in der FIA-GT-Meisterschaft 1997 – kann sich als erster Meister der neuen DTM in die Geschichtsbücher schreiben lassen und verteidigt diesen Titel im darauffolgenden Jahr.

2002 kassiert Mercedes die Team-Wertung, 2003 ebenso – und zusätzlich auch die Herstellerwertung. 2005 ist es ebenso, Gary Paffett holt sich den Fahrertitel. 2006 verabschiedet sich Jean Alesi nach 51 Rennen von Mercedes. Die Erfolgsgeschichte geht trotzdem weiter: Paul di Resta gewinnt 2010, Pascal Wehrlein 2015 auf Mercedes-AMG C 63 DTM. 2018 schnappt sich wieder Paffett den Titel und Mercedes die Teamwertung. Ende desselben Jahres sagt Mercedes nach 30 überaus erfolgreichen Jahren dem Tourenwagensport Adieu. Die neue Aufgabe heißt Formel E, die mit ihren Rennen in urbanem Umfeld für Elektrizität als Antriebskraft wirbt. In den ausschließlich auf Stadtkursen ausgetragenen Rennen trifft man auf Porsche, BMW und Audi, die ebenfalls diese Motorsportart als Marketinginstrument für die E-Mobilität nutzen wollen.

Wie angekündigt und trotz Titelgewinn für Gary Paffett beendet Mercedes nach der Saison 2018 das DTM-Progamm zu Gunsten des Einstiegs in die Formel E. Hier Mick Schumacher – Sohn des siebenmaligen F1-Weltmeisters – bei Demo-Fahrten auf dem Nürburgring in einem Mercedes-AMG C 63 DTM Tourenwagen (C 205).

Mercedes im GT-Sport

Im Jahr 2006 legt die oberste internationale Sportbehörde FIA (Fédération Internationale de l'Automobile) den Grundstein für eine der erfolgreichsten Klassen im Motorsport und definiert die technischen Spezifikationen für seriennahe GT3-Fahrzeuge, die in Sprint- und Langstreckenrennen eingesetzt werden können. Egal ob Spa, Le Mans oder nationale GT-Meisterschaft – bei allen Langstreckenrennen stehen die GT3-Boliden am Start.

Bei Mercedes-Benz entwickelt man 2010 für den Kundensport einen GT-Renner, und zwar den SLS AMG GT3. Unter „Mercedes-AMG Motorsport Customer Racing" unterstützt das Werk Kundenteams mit Technik und Wissen.

2011 absolviert der SLS GT3 mit seinen charakteristischen Flügeltüren seine erste volle Saison und avancierte sofort zum besten Motorsport-Newcomer.

Schon zwei Jahre später holte sich das Auto den „Grand Slam" im GT-Motorsport – das ist der Sieg bei den Langstreckenklassikern in Dubai, Bathurst, am Nürburgring und in Spa-Francorchamps.

Im Jahr 2015 debütiert auf dem Genfer Auto-Salon der Nachfolger, der auf den Namen Mercedes-AMG GT3 hört. Bereits gegen Ende der Saison werden die ersten Kundenteams beliefert. Dass die Ingenieure gute Arbeit geleistet haben, beweist der Vierfach-Triumph beim 24-Stunden-Rennen am Nürburgring. Auch Platz 6 geht nach Stuttgart. 2017 werden wichtige internationale Titel gewonnen, besonders der Sieg beim FIA GT World Cup in Macao sticht heraus. Das Debüt in Amerika klappt ebenfalls auf Anhieb: In der IMSA WeatherTech SportsCar Championship sichert das Modell Fahrer, Team und Hersteller die Meisterschaft im Endurance Cup. In Deutschland setzen die Teams BLACK FALCON, Haribo Racing, HTP-Motorsport und Zakspeed den Mercedes-AMG GT3 ein, u. a. in der Langstreckenmeisterschaft auf dem Nürburgring.

Seit 2018 bietet Mercedes seinen Kunden auch noch den Mercedes-AMG GT4 an, der eine kostengünstigere Alternative für die immer beliebter

Ab März 2011 wird der neue SLS AMG GT3 im Rahmen des Kundensportprogramms von Mercedes-AMG an Kundenteams ausgeliefert. Der 6,3-Liter-V8 liefert rund 400 kW (ca. 544 PS). Zu seinen größten Erfolgen zählt der Gewinn des 24-Stunden-Klassikers auf dem Nürburgring im Jahre 2013. Für das Team BLACK FALCON drehen die siegreichen Fahrer Bernd Schneider, Jeroen Bleekemolen, Sean Edwards und Nicki Thiim insgesamt 88 Rennrunden.

Im März 2015 zeigt Mercedes-AMG auf dem Genfer Automobilsalon den Nachfolger des erfolgreichen SLS AMG GT3: Er tritt gemäß FIA GT3-Reglement in den am stärksten umkämpften Kundensportserien der Welt an. Bis 2019 der Nachfolger antritt, werden über 130 Einheiten dieses Rennwagens aus Affalterbach an Kundenteams ausgeliefert. Damit gehört der AMG GT3 zu den weltweit beliebtesten Fahrzeugen in seiner Rennklasse.

werdende Klasse unterhalb der GT3 ist. Auch dieses Modell macht gleich Furore: Es hilft, dass das Customer-Racing-Programm im Jahr 2018 insgesamt in 385 Rennen genau 366 Podiumsplätze sichert, und 137 Siege. 160 Kundenteams aus 29 Ländern kassieren 57 Team- und Fahrermeisterschaften sowie Langstreckentitel. Dazu gehören der Gesamtsieg bei der Blancpain GT Serie und Fahrermeisterschaften in der Intercontinental GT Challenge.

Die Nachfrage von Teams und Fahrern nach – im Vergleich zu den GT3-Boliden – preiswerteren GT4-Rennfahrzeugen soll der Mercedes-AMG GT4 befriedigen. Beim ROWE 6 Stunden ADAC Ruhr-Pokal-Rennen im Rahmen der VLN Langstreckenmeisterschaft Nürburgring 2017 absolviert das Mercedes-AMG Testteam BLACK FALCON mit dem auf Basis des GT R entwickelten GT4 intensive Entwicklungsfahrten unter Rennbedingungen.

Im Rahmen des 24h-Rennens auf dem Nürburgring präsentiert Mercedes-AMG im Juni 2019 die neueste Version des GT3. Neben optischen und aerodynamischen Modifikationen, glänzt das neue Wettbewerbsfahrzeug für Kundenteams mit Performance-Komponenten wie einem verbesserten Renn-ABS und der Drop-Start-Funktion, die bewirkt, dass der Motor startet, sobald das Fahrzeug von der Luftheberanlage abgelassen wird. Die Auslieferung beginnt Ende 2019, sodass in der Saison 2020 die Teams pünktlich zum zehnjährigen Jubiläum von Mercedes-AMG Customer Racing mit dem neuen GT3 am Start sein können.

Für 2019 ist das erklärte Ziel, nach 2013 und 2016 den nächsten Sieg beim 24-Stunden-Rennen auf dem Nürburgring nach Affalterbach zu holen. Einer von vier Mercedes-AMG GT3 mit erweitertem Werkssupport ist dabei die gelb-grüne „Mamba" mit der Startnummer 48 des Mercedes-AMG Teams MANN-FILTER mit dem hochkarätigen Quartett Lance David Arnold, Maximilian Götz, Christian Hohenadel und Blancpain GT Series-Champion Raffaele Marciello. Allerdings verliert Maximilian Götz gut 6 Stunden vor Rennende den Wagen am Streckenabschnitt „Hohe Acht" durch Unfall.

Da fällt die Wahl schwer – viele Piloten haben Unglaubliches für Mercedes-Benz geleistet, ohne vielleicht jemals irgendeine Krone errungen zu haben. Wie zum Beispiel die Benz-Söhne Eugen und Richard, Bob Burman, Vincenzo Florio, Victor Héméry, Ralph de Palma, Christian Werner, Luigi Fagioli, Wolfgang Graf Berghe von Trips, Eugen Böhringer, Jackie Ickx, Willy Mairesse, Walter Schock, die unzähligen Sport- und Tourenwagen-Asse, Gruppe-C- und FIA-GT-Helden und die Monoposti-Piloten. Aber – es ist, wie es ist: Am Ende zählen Podestplätze, Weltmeisterschaftspunkte und andere Superlative. Aus dieser Sicht müssen die folgenden Rennfahrer auf alle Fälle genannt werden. Sorry, aber gerecht geht es auch in der Welt des Rennsportes nicht zu …

Camille Jenatzy (1868 – 1913): Der ambitionierte Bahnhofsvorsteher wird 1899 der erste Mensch, der schneller als 100 Stundenkilometer fährt. 1903 startet er für Mercedes, das Publikum nennt ihn wegen seiner flammend roten Haupt- und Barthaare den „Roten Teufel" – vielleicht auch, weil er einen grauenhaften Unfall in einem Eigenbau am 31. Juli 1902 fast unverletzt übersteht. 1909 fährt er als erster Mensch der Welt 180 km/h – in einem 140-PS-Mercedes.

Christian Lautenschlager (1877 – 1954): 1899 beginnt Lautenschlager beim Daimler und bleibt Firma und Gründern bis zuletzt verbunden. Neubauer nennt ihn „den wohl bedeutendsten Rennfahrer vor dem Ersten Weltkrieg": 1908 gewinnt er den Grand Prix in Dieppe und scheffelt 80.000 Goldmark – eine seiner Lieblingsbeschäftigungen. 1914 kassiert er in Lyon 120.000 Goldmark im 4,5-Liter-Mercedes. Er startet sogar noch 1922 und 1924 bei der Targa Florio und 1923 in Indianapolis.

Otto Merz (1889 – 1933): Der Canstatter ist nicht nur sehr schnell, sondern auch sehr stark: Er soll einen 33 Zentner schweren Mercedes anheben können, damit die Mechaniker zum Reifenwechsel einen Bock unter dem Rennwagen postieren. Er soll sogar Nägel mit der flachen Hand einschlagen können. Bei Daimer startet er als Einfahrer, seinen größten Sieg schafft er beim GP von Deutschland am 17. Juli 1927 auf dem Mercedes SSK. Er stirbt 1933 beim Training in einem SSKL mit aerodynamischer Karosserie.

Rudolf Caracciola (1901 – 1959): 1923 fährt der Remagener sein erstes Rennen als Werksfahrer auf einem Mercedes in Baden-Baden und erzielt noch in diesem Jahr zwölf Siege. In seiner Karriere gewinnt „der Regenmeister" weit mehr als 100 Rennen und ist der erfolgreichste deutsche Automobilrennfahrer der Vorkriegszeit. Er wird dreimal Europameister (1935, 1937, 1938) und stellt zahlreiche Geschwindigkeitsweltrekorde auf. Mit seiner Rekordfahrt 1938 auf der Autobahn Frankfurt-Darmstadt (432,7 km/h) ist er bis heute der schnellste Fahrer auf einer öffentlichen Straße.

Manfred von Brauchitsch (1905 – 2003): Seine Sportlaufbahn beginnt der Hamburger 1928 als Motorradrennfahrer. Zwischen 1934 und 1939 ist er Mercedes-Werksfahrer und gewinnt diverse Rennen, etwa das legendäre Eifelrennen 1934. Manfred von Brauchitsch trägt den Spitznamen „Pechvogel", weil er immer wieder durch unglückliche Umstände um Siege und gute Platzierungen gebracht wird. Dennoch gewinnt er sechs Mal den GP von Deutschland, fünf davon auf Mercedes. Nach seiner aktiven Zeit als Rennfahrer ist er 1948 der erste Präsident des Automobilclubs von Deutschland. 1953 siedelt er in die DDR über.

Hermann Lang (1909 – 1987): Nach einer Mechanikerlehre beginnt Lang 1927 seine Karriere als Motorradrennfahrer. 1933 wird er Mechaniker in der Mercedes-Benz-Versuchsabteilung. Dort erkennt man schnell aufgrund seiner beeindruckenden Kurventechnik seine fahrerische Begabung und lässt ihn 1935 erstmals starten. Neben vielen weiteren Rennen gewinnt er dreimal den Grand Prix von Tripolis und löst Caracciola 1939 als erfolgreichster Fahrer ab. 1952 gewinnt Lang zusammen mit Fritz Riess die 24 Stunden von Le Mans. 1954 zieht er sich aus dem Rennsport zurück.

Juan Manuel Fangio (1911 – 1995): Der Argentinier fährt seit 1954 als Formel-1-Fahrer auf Mercedes-Benz. Mit insgesamt zehn Saisonsiegen gewinnt er überlegen in seinem Mercedes-Benz W 196 R die Weltmeisterschaften 1954 und 1955. Anschließend fährt er noch drei Jahre für andere Rennteams und beendet seine Karriere 1958 als fünfmaliger Weltmeister. „Der Krummbeinige" ist nicht nur dadurch einer der erfolgreichsten Rennfahrer der Formel-1-Geschichte: Bei 51 Grand-Prix-Starts gewinnt er 24 Mal.

Karl Kling (1910 – 2003): In den 1930er Jahren macht sich der gebürtige Gießener bei Touren- und Zuverlässigkeitsfahrten einen Namen. 1952 kann er trotz des berühmten „Geierunfalls" (der Vogel fliegt ihm in die Windschutzscheibe) den Sieg bei der Carrera Panamericana auf einem 300 SL erringen und wird als erster Rennfahrer „Sportler des Jahres". In der Saison 1954 ist Kling Teil des neu gegründeten Mercedes-Benz Formel-1-Teams und belegt im ersten Rennen in Reims auf Anhieb Platz 2. Als Nachfolger von Rennleiter Alfred Neubauer pflegt er ab 1956 weiter Kontakt zum Rennsport.

Hans Herrmann (geb. 1928): Mercedes-Benz-Rennleiter Neubauer holt den 25-jährigen Hans Herrmann zur Saison 1954 ins Werksteam der Daimler-Benz AG. 1954 und 1955 bestreitet der Stuttgarter insgesamt acht Rennläufe der Formel 1 und ein Sportwagenrennen für die Marke mit dem Stern. Beim Grand Prix von Monaco wird er bei einem Trainingsunfall schwer verletzt. Damit endet Herrmanns Engagement im Mercedes-Benz Formel-1-Team, weil sich die Marke nach dem Saisonabschluss 1955 aus der Formel 1 zurückzieht. Herrmann fährt in den folgenden Jahren Sportwagen-Wettbewerbe und startet in der Formel 2 sowie der Formel 1. In den 1960er Jahren nimmt er auf Mercedes-Benz vereinzelt an Tourenwagen-Wettbewerben teil. Er beendet seine Laufbahn 1970 mit einem Sieg auf Porsche bei den 24 Stunden von Le Mans.

Sir Stirling Moss (geb. 1929): Der Brite und Fangio dominieren die Formel-1-Saison 1955, in der Moss seinen Heim-Grand-Prix in Großbritannien gewinnt. In der Sportwagen-WM siegt er im gleichen Jahr bei der Mille Miglia (mit seiner legendären Fahrt im 300 SLR mit Denis Jenkinson), der Tourist Trophy und der Targa Florio. Nach dem Rückzug von Daimler-Benz aus dem Rennsport fährt Moss sehr erfolgreich für andere Hersteller. Obwohl er immer einer der Besten ist, wird er nie Formel-1-Weltmeister. 1962 zieht er sich nach einem schweren Unfall vom aktiven Rennsport zurück.

Pierre Levegh (1905 – 1955): Pierre Bouillin, Sohn eines Pariser Kaufmanns, nimmt unter dem Pseudonym „Pierre Levegh" ab 1937 an Autorennen teil. Der ausgebildete Antiquar ist in Le Mans auf Talbot 1952 der stärkste Konkurrent der Mercedes-Benz 300 SL (W 194). Als Einzelfahrer muss er nach 23 Stunden an der Spitze wegen eines technischen Defekts aufgeben. Beeindruckt von dieser Leistung bietet ihm Mercedes-Benz im Jahr 1955 für Le Mans einen Platz am Steuer eines 300 SLR (W 196 S) an. Es kommt zu einem vermutlich von Jaguar-Pilot Mike Hawthorn ausgelösten schweren Unfall. Levegh wird von der Strecke gedrängt, sein brennender Wagen und vor allem der herausgerissene Motor pflügen durch die Zuschauer. Mehr als 80 Menschen sterben bei dem Unglück durch Trümmerteile – auch Levegh selber.

Klaus Ludwig (geb. 1949): Der Einstieg in den Motorsport gelingt dem Bonner über Slalom, Orientierungsfahrten und Tourenwagenrennen von 1970 bis 1973. 1979 und 1981 gewinnt er die Deutsche Rennsport-Meisterschaft. 1979, 1984 und 1985 siegt er in Le Mans.1988 gewinnt er auf Ford die DTM und wechselt 1989 zum AMG-Mercedes-Team, mit dem er in den folgenden fünf Jahren 19 Siege erzielt. Krönung seines Einsatzes sind der Fahrertitel der Meisterschaften 1992 und 1994 sowie die Vizemeisterschaft 1991. Nach einem Opel-Intermezzo fährt Ludwig 1997 und 1998 wieder für den Stern – diesmal in der FIA-GT-Meisterschaft, deren Gesamtwertung er 1998 zusammen mit Ricardo Zonta gewinnt. In der ersten Saison der neuen DTM gewinnt er im Jahr 2000 als bislang ältester Sieger eines der Rennen.

Bernd Schneider (geb. 1964) aus St. Ingbert zeigt sein Talent bereits als 16-Jähriger – da gewinnt er die Junioren-Weltmeisterschaft im Kart. 1984 fährt er Formel Ford, ab 1986 Formel 3. 1987 wird er dort Champion, 1990 und 1991 pilotiert er respektvoll den Porsche 962. Er fährt danach Mercedes CLK-GTR, aber auch Tourenwagen und sogar Formel 1: Zwischen 1988 und 1990 sitzt er im wenig konkurrenzfähigen Zakspeed-Auto. Viel bessere Erinnerungen hat er an seine Zeit als Werksfahrer bei Mercedes-Benz von 1992 und 2008: Er sichert sich insgesamt fünf Mal den Titel in der DTM. In der ewigen DTM-Punktewertung liegt er nach Klaus Ludwig auf Platz zwei. Im Oktober 2008 steigt Schneider als dienstältester Mercedes-Werksfahrer aus dem Motorsport aus – er bestreitet aber gelegentlich immer noch GT3-Rennen für das AMG-Team.

Mika Häkkinen (geb. 1968): Der Finne stößt 1995 zum Formel-1-Team McLaren Mercedes. Nach einem schweren Unfall 1995 in Adelaide meldet er sich bereits 1996 mit einem beachtlichen 5. Platz im ersten Saisonrennen zurück. Im letzten Rennen 1997 gelingt ihm sein erster Sieg in der Formel 1. 1998 und 1999 wird Mika Häkkinen mit McLaren-Mercedes Formel-1-Weltmeister. Insgesamt gewinnt er 20 Grand-Prix-Rennen. Nach der Saison 2001 beendet der Finne seine Formel-1-Karriere.

Kimi Räikkönen (geb. 1979): In seinem ersten Rennen für McLaren-Mercedes in Australien 2002 holt der Finne als Dritter seinen ersten Podest-Platz in der Formel 1. Seinen ersten Formel-1-Sieg sackt er beim zweiten Rennen der Saison 2003 in Malaysia ein. Räikkönen wird 2003 und 2005 Vize-Weltmeister und gewinnt neun Grand Prix für McLaren-Mercedes. „The Iceman" verlässt das Team Ende 2006.

Lewis Hamilton (geb. 1985): Von frühester Jugend an wird Hamilton durch Mercedes-Benz und McLaren gefördert. Seit 2007 steht er bei Vodafone McLaren Mercedes unter Vertrag. Bei seinem ersten Formel-1-Rennen, dem Großen Preis von Australien 2007, belegt er den dritten Platz. Nach der Vizeweltmeisterschaft in der Saison 2007 mit vier Siegen wird er 2008 der jüngste Weltmeister der Formel-1-Geschichte und erhält dafür von Königin Elisabeth II. die Auszeichnung „Most Excellent Order of the British Empire".

Jenson Button (geb. 1980): Beim Großen Preis von Australien 2009 siegt der Brite im ersten Rennen des neuen Mercedes-Benz Partnerteams Brawn GP, dem Mercedes Petronas AMG Formel-1-Team. Button gewinnt sechs der ersten sieben Saisonläufe und wird am Saisonende Weltmeister. 2010 wechselt er zu McLaren-Mercedes und erzielt im zweiten Saisonrennen, erneut beim Australien GP in Melbourne, seinen ersten Grand-Prix-Sieg für das Team. 2011 belegt er hinter Weltmeister Sebastian Vettel den zweiten Platz in der Fahrer-WM.

Nico Rosberg (geb. 1985): Nico Rosberg tritt in die motorsportlichen Fußstapfen seines Vaters Keke, der 1982 die Formel-1-Weltmeisterschaft gewinnt. Bereits in seinem ersten Grand Prix 2006 in Bahrain erzielt Rosberg junior die schnellste Rennrunde. Auf seinen ersten Grand-Prix-Sieg muss er jedoch bis zu seinem 111. Formel-1-Rennen warten, den Großen Preis von China 2012. Mit dem Mercedes-Team fährt Rosberg in Shanghai von der Pole Position zum Sieg und wird damit erster Werks-Silberpfeilsieger der Neuzeit. Der ganz große Triumph ist der Weltmeistertitel 2016. In einem nervenaufreibenden Duell setzt er sich mit einem hauchdünnen Vorsprung gegen Lewis Hamilton durch. Damit ist er am Ziel seiner Träume und tritt am 2. Dezember nur wenige Tage nach dem Saisonfinale vom Rennsport zurück.

Michael Schumacher (geb. 1969): Der siebenfache Formel-1-Champion Michael Schumacher wird bereits in den Anfängen seiner Karriere von Mercedes-Benz gefördert und fährt unter anderem im Mercedes-Benz Junior Team in der Sportwagen-WM. Nach Formel-1-Zeiten bei Jordan, Benetton und Ferrari kehrt er 2010 mit dem Mercedes GP Petronas Formel-1-Team nach einer dreijährigen Rennpause in die Königsklasse des Motorsports zurück. Schumacher ist der erfolgreichste Formel-1-Fahrer aller Zeiten, er hält unter anderem die Rekorde für die meisten WM-Titel, die meisten Siege, die meisten Pole Positions und die meisten schnellsten Rennrunden. 2012 hängt er die Rennerei an den Nagel.

In Sachen Rekordfahrten wird Daimler-Benz Ende der 1960er/Anfang der 1970er Jahre aktiv – mit Prototypen, die den Namen C 111 erhalten. Der erste C 111 steht 1969 auf der IAA – ein Traum von Sportwagen mit 280 PS starkem Dreischeiben-Wankelmotor, Flügeltüren und Kunststoffkarosserie. Allerdings ist der von Bruno Sacco designte C 111-I von Anfang an nur als Erprobungsfahrzeug geplant. 1970 folgt der C 111-II mit 350 PS starkem Vierscheibenwankel und 300 km/h Spitze. Unterm Eindruck der Ölkrise bauen die Ingenieure 1973 einen Dreiliter-Fünfzylinderdiesel in den C 111-II ein, der statt der serienmäßigen 80 PS im Strichachter 240 D 3.0 jetzt 190 PS dank Turbolader und Ladeluftkühlung leistet.
Am 12. Juni 1976 startet die Rekordfahrt des Mercedes-Benz C 111-II D auf der Versuchsbahn in Nardo, Italien. Ergebnis nach rund 60 Stunden: 16 Weltrekorde, wobei 13 für Dieselfahrzeuge gelten und drei für Autos aller Motorisierungen. So sichern sich die Stuttgarter unter anderem Bestzeiten über 5000 Meilen (8045 Kilometer, Durchschnittstempo 252,54 Stundenkilometer), 10.000 Kilometer (252,249 km/h) und 10.000 Meilen (16.093 Kilometer, 251,798 km/h).
Der Mercedes-Benz C 111-III fährt am 29. April 1978 auf der Hochgeschwindigkeitsstrecke in Nardo neun Tempo-Rekorde (zum Beispiel Spitze 325 km/h) und elf internationale Klassenrekorde. Der Luftwiderstandsbeiwert des Wagens liegt bei 0,159. Im Heck findet sich ein 230-PS-Fünfzylinder-Diesel mit Turbolader und Ladeluftkühler. Er sorgt für einen Zwölf-Stunden Schnitt von 314,463 Stundenkilometern bei knapp 16 Litern Diesel-Verbrauch auf 100 Kilometer. Die letzte Version (C 111-IV) rast 1979 dank 500 PS starkem 4.8 Liter V8 mit 403,978 km/h über die Piste.